农村医疗卫生关键技术集成跨媒体丛书

农村数字医疗仪器
关键技术及应用

主编 ◎ 赵德伟

U0314946

科学技术文献出版社

SCIENTIFIC AND TECHNICAL DOCUMENTATION PRESS

·北京·

图书在版编目（CIP）数据

农村数字医疗仪器关键技术及应用/赵德伟主编. —北京：科学技术文献出版社，2016.10
ISBN 978-7-5189-2007-5

Ⅰ. ①农… Ⅱ. ①赵… Ⅲ. ①数字技术—应用—农村—医疗器械 Ⅳ. ① TH77-39

中国版本图书馆 CIP 数据核字（2016）第 239857 号

农村数字医疗仪器关键技术及应用

策划编辑：孙江莉　邢学勇　　责任编辑：张丽艳　　责任校对：赵　瑗　　责任出版：张志平

出　版　者	科学技术文献出版社
地　　　址	北京市复兴路15号　邮编 100038
编　务　部	（010）58882938，58882087（传真）
发　行　部	（010）58882868，58882874（传真）
邮　购　部	（010）58882873
官 方 网 址	www.stdp.com.cn
发　行　者	科学技术文献出版社发行　全国各地新华书店经销
印　刷　者	北京京师印务有限公司
版　　　次	2016 年 10 月第 1 版　2016 年 10 月第 1 次印刷
开　　　本	787×1092　1/16
字　　　数	277千
印　　　张	13
书　　　号	ISBN 978-7-5189-2007-5
定　　　价	66.00元（附1张光盘）

版权所有　违法必究

购买本社图书，凡字迹不清、缺页、倒页、脱页者，本社发行部负责调换

编　委　会

主　　编　赵德伟

副 主 编　常晓丹　张　翔　王永轩

编　　委　（按姓氏笔画排序）

于　萌　于琳琳　王卫明　王永轩　王　威

王晓庆　王　楠　王　颖　朱　勇　刘雅卓

刘　蓉　李来新　吴　昊　邱天爽　初　楠

张　翔　周传丽　周树民　郑　蕾　赵德伟

秦艳红　黄诗博　常晓丹　傅维民　谢　辉

秘　　书　王晓庆

前言
Preface

开展农村医疗仪器现状调查和需求分析，建立农村常用数字医疗仪器质量标准，研制生产出适宜农村应用的数字医疗仪器设备，并解决农村数字医疗仪器数据采集、传输和存储的关键技术，从而完成农村数字信息化的建设。这对提高农村医疗卫生服务的有效性，改进和完善农村基本医疗卫生体系起到重要的理论指导和技术支撑作用，是实现人人享有基本医疗卫生服务为内涵的医疗卫生体制改革的必然选择。

本书内容主要包括：农村数字医疗发展现状与趋势分析，农村数字化医疗仪器和医疗卫生信息化需求分析，农村三级医疗机构数字化仪器合理配置方案，医疗仪器质量管理以及具体的医疗仪器设备原理及应用，医疗仪器包括多参数健康检查仪、便携式农村康复医疗仪器、X射线诊断设备、核磁共振成像系统、全自动生化分析仪。希望本书的出版能对农村数字卫生信息化建设和发展提供理论与实践指导。

在本书出版之际，首先感谢农村基本医疗卫生关键技术研究与示范项目总负责人——中国人民解放军总医院的尹岭教授，他以前瞻性的战略眼光，在课题协调、部署等重大问题上把握原则与方向，为研究的顺利开展给予了大量的指导。感谢示范地区（辽宁省长海县卫生局、县乡村三级卫生医疗机构等）的各位领导在宏观协调、现场指导、资源配置等方面给予的大力支持，感谢课题组骨干成员的支持与帮助，感谢其他各位学者、教授，在繁忙的工作之余，为本课题提供诸多宝贵建议。正是他们的积极配合与卓有成效的工作，使研究结果具备了科学性和严谨性，更使研究成果能广泛应用于农村三级医疗卫生系统中，在此向他们表示崇高的敬意和衷心的感谢。

由于本书内容涉及面广，篇幅有限，不足之处，恳请广大读者不吝指教。能与各位同仁在农村数字卫生之路上风雨同舟、携手同行，是我们莫大的荣幸！

前言

目 录
Contents

第一章 绪论

第一节 农村医疗现状与对策分析

一、农村医疗现状

我国是一个农业大国，农民占相当大的比例。目前，随着国家医疗体制改革的不断深入，相关部门对农村基层医疗机构的投入也不断增加，我国农村医疗条件相比以前有了一定的改善，但还有不少的问题仍未得到有效解决。比如，农村医疗资源缺乏、专业技术医务人员匮乏、总体医疗水平偏低等。农村地区的基本医疗卫生条件要得到本质的改善，还是一个难题。农民是我国最大的社会群体，保护农民健康是发展农村卫生事业的根本目的。温家宝总理曾在《政府工作报告》中指出，要加快农村医疗卫生服务体系建设，健全县、乡、村三级医疗卫生服务体系和网络。近几年，政府虽然加大了农村医疗卫生的投入，在县级医院、乡镇卫生院建设和医疗仪器配置上有了很大的改善，但仍然面临如下诸多难题。

（一）"看病难、看病贵"问题仍然突出

据第三次全国卫生调查数据统计，1998 年到 2003 年我国居民平均每次门诊费用和住院费用分别上涨了 57.5% 和 76.1%，远远大于人们收入的增长速度。高额的医疗费用让本不富裕的老百姓感到看不起病，看一次大病往往是积蓄花光、粮食卖光、树木毁光。

（二）医疗卫生资源布局不够合理，分布不均衡

目前有 80% 的农村人口没有任何医疗保险，大部分为自费就医。已有的农村新型合作医疗制度，保障水平较低，另外，我国的医疗资源分配和配置严重失衡，农村地区缺医少药，有的地方老百姓甚至无法享受到最基本的医疗服务。在此情况下，老百姓生病了就选择忍，能忍多久就多久，实在抵不住才去医院，而此时多数病情已经恶化，加重了患者的就医成本。农村因病致贫、因病返贫的家庭在贫困户中的比重很大。

（三）高新技术、先进设备和优秀人才基本集中在城市大医院，城乡之间服务条件和技术水平差距大

农村卫生技术人员严重不足，人才队伍层次结构不合理，队伍素质低是长期困扰我国农村卫生队伍的三大症结，并严重制约着农村医疗卫生质量的提高。

（四）农村医疗卫生和城市社区卫生薄弱，缺医少药的局面没有根本扭转

不少群众长途跋涉异地就医，既费时费力，又增加了经济负担。

（五）基层医疗信息化水平低，无法为医疗资源共享和流通提供有效助力

在新医改的背景下，中国 70 余万家基层医疗机构的初级医疗服务能力提升和信息化建设，是一个亟待启动的国家计划内市场，用创新的科技成果来解决农村乡镇居民的初级医疗问题，是国家政策的大势所趋。通过对辽宁省的沈阳、大连、鞍山、抚顺、本溪等城市的40 个样本，进行农村医疗条件和基础设施现状调查研究发现，仅有 5 个样本村设有卫生所。样本村各村平均人口大约为 2000 人，但各村平均拥有医务所仅为两间，医护人员 3 位，病床 5 张，这无疑反映出农村医疗条件的简陋和匮乏。

二、对策分析

（一）政府部门应给予农村卫生事业更多的关注，加大农村医疗卫生资金投入，建立切实可行的农村医疗管理体系

有些简陋的农村医院由于资金的严重短缺至今还设在危房里，如果有了充足的资金，就能为医院盖起新楼，使农村医疗条件发生质的飞跃。因此，为了改善农村医疗条件，政府及相关部门要进一步加大对农村医疗卫生事业的资金投入，培养医疗工作人员，学习最新技术，加快医疗检查设备的更新，拓宽卫生服务项目，提高医疗服务技能，为广大村民营造一个良好的医疗环境，使所有患者都能享受到最优质的医疗服务。

（二）健全农村医院人事管理制度

首先，农村医院的医疗技术人员数量较少，有的医院三五年也来不了一个医生，"新能量"的注入数量少、频率低，全院上下只有五六个医生，加上护理人员、管事人员也不到10 人；其次，还存在着医生学历低、经验少的问题。乡村医生长时间待在自己工作的地方，接触不到外界先进的技术，又没有新的知识资源及时流入，医生很难积累到相关方面的高端经验，这就会严重阻碍农村医疗条件的改善。对此，农村医院应该采取相应的措施：建立继续教育制度，加强医院技术人员业务知识和技能的培训，鼓励有条件的镇村医生接受高等教育，继续深造；自行组织考试，考试内容应重点考核医生所在岗位的相关专业知识、临床操

作技能等，以随时检验医生水平；降低医院录取门槛，畅通人才流通渠道，凡是有大学本科及以上学历者或者取得了执业医师资格的人员均可直接纳入到农村医院里；广收药学、医学影像、医学检验等特殊急需专业的技术人员，注重人才的引进和培养，扩大医院服务范围；在所有符合条件的后备人员中，优先聘用医院所在地的当地村民，并定期带其去上级医院进行学习与经验交流，不断推进镇村医务人员整体水平的提高。

（三）引进先进医疗卫生设备，推进农村数字医疗

过去的农村医疗，紧紧靠着"老三件"进行诊断，不仅费时费力而且准确度无法保证，难以达到正常的医疗保健目标，这是与新农合格格不入的。在农村，农民食物中毒、农药中毒、传染病流行等现象普遍存在，而由于缺少相应的物资储备，待事件发生后才紧急调集物资、设备、人员，很难适应突发事件的应急处理。只有尽快使农村医疗机构网络化、数字化，才能有效解决这些问题。

一个医院所配备的医疗设备越高端、越先进，做出的诊断结果越准确，治愈患者的概率也就越大。然而，直到今天，农村医院的医疗设施还很落后，对患者的检验或化验结果很难做到准确无误，高端技术与设备又吸收不进来，这就导致很多患者倾向于到县城以上的医疗机构去治疗，因为那里的医疗设备要比农村医院的好很多。所以，及时引进先进设备，提高农村医院硬件的设备水平，保证检验和化验结果准确，已经成为改善农村医疗条件的必要前提。

（四）建立和健全城乡对口帮扶制度，通过技术指导不断提高农村医疗工作人员的业务素质

医学院校和城市卫生医疗单位，要积极主动地关心农村卫生工作，把其当作自己的一项重要社会职责，与农村卫生机构建立对口联系，定期选派技术精湛的专家、学者走向农村，免费开展针对农村卫生人员的定期培训、技术指导。农村医疗工作人员不断向上级单位学习先进的医疗技术和管理模式，对促进农村卫生人才队伍建设很有推动力。同时，农村医疗机构也可派医务人员去大医院进修学习。

第二节　数字医疗发展现状

一、数字医疗系统

数字医疗系统是指通过计算机科学和现代网络通信技术及数据库技术，为医院和所有授权用户提供医疗信息的管理系统，包括医院管理信息系统、电子病历、远程医疗等。目前，全球医疗行业在推进以信息技术为手段，电子病历为核心的数字化医疗建设，以达到减少医

疗差错、提高医疗质量、降低医疗费用的目的。

（一）医院管理信息系统

医院管理信息系统（HIS）是利用计算机和通信设备，为医院各部门提供患者诊疗信息及进行行政管理信息的收集、存储、处理、提取和数据交换，并满足所有用户需求的平台。HIS 在医院管理、临床医疗、护理、财务、后勤物资、医保等多层次、多部门之间发挥着重要作用，并可促使医院的管理模式发生重大变化。医院信息的特点是信息量大，增长快速且复杂，同时各部门之间的数据需要实现共享及交换。

20 世纪 60 年代初，美国、日本及欧洲各国开始建立 HIS，到 20 世纪 70 年代已建成规模较大的 HIS。我国 20 世纪 80 年代末期开始应用 HIS，大致经历了计算机应用于划价收费、计算机网络技术应用于医院管理的各个环节以及数字化等三个阶段，到 2000 年已形成有自主知识产权且具世界先进水平的 HIS。我国 HIS 的建设过程与我国的信息化建设步伐相吻合。随着通信技术和光纤技术的发展，以及存储容量的提高，使影像信息的传输和储存变得越来越方便，这就给真正意义上的电子病案的形成提供了契机。同时，指纹识别、数字签名技术的发展，也给病案保存与传输的合法性提供了保证。在这一阶段，医学影像存储与传输系统和临床试验信息系统开始嵌入 HIS，使 HIS 功能的全面提升成为可能。

HIS 的发展趋势是将各类医疗信息直接联机，并将附近各医院乃至地区和国家的医院信息系统联成网络，其中最关键的是使不同系统中的病历登记、检测、诊断指标等标准化。HIS 的高级阶段将普遍采用医疗专家系统，建立医疗质量监督和控制系统，设立医师信息系统工作站，从而进一步提高医疗水平和保健水平，实现医院办公无纸化和诊断无胶片化。

（二）电子病历

病历是患者在医院诊断治疗全过程的原始记录，它包含病历首页、医嘱、病程记录、各种检查检验结果、手术记录、护理情况等内容，是医师对患者进行诊断与治疗的重要依据。电子病历（EMR）也叫计算机化的病案系统，是采用电子设备保存、管理、传输和重现患者的医疗记录，内容包括纸张病历的所有信息，最终取代手写纸张病历。在美国、日本等发达国家，许多大学、研究机构、厂商纷纷投入这一领域进行研究。EMR 的发展目标主要是加强医患间的信息流通，从更深层次上提高健康信息的功能服务性，从而进一步提高医疗保健工作质量。

与传统纸张病历比较，EMR 有以下优点：

（1）传统病历是被动的、静态的、孤立的，EMR 是主动的、动态的、关联的。EMR 可根据掌握的信息和知识，主动进行判断，在个体健康状态需要调整时，做出及时、准确的提示，并给出最优方案和实施计划。

（2）计算机中的 EMR 不会出现传统病历的遗失、缺损、发霉等现象，可靠性强，能够永久保存，并且可保证医师完整、准确、及时获得信息资料。

（3）EMR 存储量大，并且可以借助网络实现共享，有效减少人力物力资源浪费，降低管理费用，提高患者就诊的便捷性和效率，提高医务人员的服务效率和服务质量。但计算机并不能完全取代人，要使 EMR 真正发挥作用，必须建立规范的 EMR 模板，完善病历数据的采集系统、医师工作站系统、EMR 质量监控系统、存储体系及备份方案等。另外，由于患者的信息来源于 HIS 的各个业务子系统，因此 EMR 不是一个独立于 HIS 的新系统，只能依附于 HIS 系统。

（三）远程医疗系统

远程医疗系统是指通过通信和计算机技术给人们提供远程医学服务的平台。这一系统包括远程诊断、信息服务、远程教育等多种功能，它是以计算机和网络通信为基础，对医学资料（包括数据、文本、图片和声像资料）进行远距离传输、存储、查询及显示的多媒体技术。简单地说，远程医疗就是指通过通信、计算机网络和多媒体等技术，在相隔较远的求医者和医生之间进行双向信息传送，完成求医者的信息搜集、诊断以及医疗方案的实施等过程。远程医疗源于 20 世纪 60 年代初到 80 年代中期，1993 年美国在全球性信息高速公路热潮中进行了远程医疗的探索。

远程医疗技术主要涉及多媒体和通信两个方面。多媒体技术主要包括以下几个方面：

（1）媒体采集：通过数字摄像机（头）采集到高分辨率的图像；

（2）媒体存储：音频、视频以及医学图像均需在计算机内暂时或永久存储，可用硬盘、软盘、光盘等实现；

（3）压缩/解压：现在的 JPEG 图像压缩标准可以做到 10∶1 到 20∶1，并做到无损压缩；

（4）图像处理：包括角度旋转、水平垂直伸缩、校正采集误差，并在诊所条件下能用肉眼观察到清晰的图像；

（5）用户界面：能反映更多的医用信息（可视化信息），显示器、键盘、鼠标以及窗口管理是最基本的远程医疗用户界面。

通信技术主要涉及以下方面：

（1）网络接口：不同的远程医疗需求和通信环境对通信网络的选择也是多种多样的，因此，网络接口速率也有高低区别；

（2）网络协议：在远程医疗系统中广泛采用异步转移（ATM）互联协议，在电话网上传输医学图像可以采用视频会议协议；

（3）视频传输：根据不同的远程医疗需求，视频传输速率分为低速率和高速率传输，前者用于视频会议，后者用于诊断视频的传输；

（4）音频传输：远程医疗系统除视频传输外，还有音频传输，也分为低速率和高速率传输，前者用于咨询，后者用于诊断；

（5）静态图像（片）传输：通常静态图像（片）的传输是单向通信，传输速率以单幅来计算，并且流量具有突发性；

（6）病历档案：也是单向传输，并且主要是文本信息，因此对传输带宽要求不高；

（7）骨干网络：可有多种选择，但随着网络的扩大，有必要通过网桥或路由器将各个局域网互联成为广域网。

二、数字医疗国内外发展情况

世界医疗信息技术水平较高的美国、日本、英国等国家都在推进各自的医疗数字化进程。

2004 年，美国提出要在 10 年内实现电子病历。2010 年，美国新医改方案再次强化了信息技术在医疗改革中的支撑和推动作用。每年花费 100 亿美元在医疗机构推广使用标准化的电子病历系统，不仅使全美每年节省 770 亿美元的医疗费用，而且减少了医疗差错，提高医疗安全，扩大医疗保险的覆盖面，并确保了医保资金的有效使用。

英国实行的是全民医疗体制，2005 年搭建了全国卫生信息网，通过网络患者可预定医院的服务，获得自身电子病历档案，在网上办理出入院手续等；医生也可通过该网查阅患者电子病历信息，了解网上预约情况，开出电子处方，进行医学影像调阅及提供远程医疗会诊；网络的建立也为患者提供多种在线医疗服务，并在区域医学影像共享、基础设施建设等领域取得了显著成就。

1999 年，电子病历在日本得到法律认可，被允许作为正式的医疗文档；2001 年政府投入资金推行了电子病历系统；2004 年设立卫生信息系统互操作性项目，政府投入专项资金支持 IHE-J、电子病历基本数据集、HL7 等标准化活动；2005 年成立标准化的电子病历促进委员会推进互操作性和信息标准化；目前，日本已基本实现诊疗过程数字化、无纸化和无胶片化。

经过最近十几年的发展，我国国内数字化医疗水平已有较大提升。2009 年我国发布的"中国医院信息化状况调查"显示，医院信息化建设重点已由管理信息系统转向临床信息系统，部分医院开始建设 PACS、LIS、手术室、内镜等专科系统。少部分医院则已将检查、检验、手术等系统信息与 HIS 集成，为医生提供更及时、全面的临床数据。在各类临床信息系统中，应用比例最高的是病区护士工作站系统（68.04%），其次是病区医生工作站系统（43.30%），然后是门急诊医生工作站系统（39.26%），实验室信息系统（LIS）和放射科信息系统（RIS）名列第四、第五，应用比例分别为 38.14% 和 29.47%，PACS 和手术麻醉系统的应用比例分别为 22.68% 和 22.16%，应用比例最低的两个是临床决策支持系统和区域卫生信息系统，分别为 7.56% 和 5.76%。

我国从 20 世纪 80 年代末开始进行远程医疗的探索。1988 年，解放军总医院通过卫星与德国一家医院进行了神经外科远程病例讨论。1995 年，上海教育科研网、上海医科大学远程会诊项目启动，并成立了远程医疗会诊研究室，该系统在网络上运行，具有逼真的交互动态图像。1997 年，中国金卫医疗网络即卫生部卫星专网正式开通，它包括中国医学科学院北京协和医院、中国医学科学院阜外心血管病医院等全国 20 多个省市的数十家医院，网络开通以来，已经为数百例各地疑难急重症患者进行了远程、异地、实时、动态电视直播会诊。1997 年 9 月，中国医学基金会成立了国际医学中国互联网委员会，该组织准备经过 10 年三个阶段，即电话线阶段，DDN、光缆、ISDN 通信联网阶段，卫星通信阶段，逐步在我国开展医学信息及远程医疗工作，目前已开展了可视电话系统的远程医疗。

综上所述，以数字化医疗设备、IT 基础设施和各类专业化临床信息系统为支撑的数字化医疗正在改变着传统的医疗工作模式，在提高医疗质量、减少医疗差错、优化医疗工作流程等方面表现出巨大潜力。当前数字化医疗的发展呈现出由独立站点数字化向一体化共享转变、由部分流程信息化向全过程覆盖转变、由事务处理应用向智能化服务转变、由医疗文书电子化向完整的电子病历转变的趋势。

三、数字医疗特点

（一）医疗设备数字化

医疗数据必须按照统一格式从源头采集，做到全面而准确，保证数据的采集、传输、存储、整理、分析、提取、应用的一致性，使来自影像、检验、病理、监护、药房等各种设备的数字化信息能够无损采集、存储、处理、标准化传送和供全院共享。

（二）医疗方式网络化

医疗信息必须能够通过计算机网络进行传输，通过用户权限和应用程序级运行权限的双重控制机制，实现信息传输和利用的安全性，以患者为中心、以面向全医疗过程管理的电子病历为核心；实行全院、院际乃至全球的资源共享、网上查询和远程会诊。

（三）医院管理信息化

利用各种信息技术和整合的信息资料，为患者提供个性化、零距离的关怀、提醒和咨询服务。在医院业务流程中，通过环节控制、医疗行为控制、消息反馈控制，实现医疗全过程管理。优化医疗、护理、服务、管理的业务流程，实现医院管理信息系统、临床信息系统、办公自动化系统、远程医学系统、医学文献系统的全面建设和融合。

（四）无纸化、无胶片化、无线化

数字化医院的建设应突出智能化的特点，减少人工环节，增强自动化的程度，增加辅助支持的功能，具备无纸化、无胶片化、无线化的数字化医疗服务和管理方式，优化重组医疗业务流程，减少医护人员在手工输入上所花费的时间以及人为失误，使医疗服务更加方便、高效、安全。

（五）支持社区和家庭化医疗服务

医生可以实现对患者的跟踪诊断和治疗，患者可以及时与医生联络，了解自己的健康状况并取得保健指导。医疗卫生体制改革的重点之一是加强城市社区医疗卫生服务，这就需要大医院的医疗服务向社区延伸，为社区及家庭提供家庭化诊疗服务。

（六）具备知识库、智能化和辅助决策功能

数字医疗系统全部信息存储于统一的临床数据库，保证了医疗数据的完整性和准确性。通过临床数据库，可以实现从海量信息中进行数据挖掘和信息开发再利用，支持管理决策和临床决策，真正做到决策以数据、客观记录为基础，以统计分析结果为依据，科学论证、科学决策。

四、数字医疗在临床中的应用

数字化基础应用技术与临床医学交叉或结合，产生了具有数字医疗特征的检查检验、诊断治疗等新技术，这些技术改变了传统医学检测、诊断、治疗、康复和保健技术应用方式，创新了医学检测、诊断、治疗、康复和保健技术理论与知识。

（一）数字医疗检测技术

数字医疗检测技术是依托数字化、自动化检测仪器设备，利用计算机自动控制和分析技术，对临床生化、免疫、微生物、病理生理、电生理信号、分子生物等进行检测的技术。检测技术涉及色谱分析、质谱分析、波谱分析、化学分析、荧光测定、电生理信号采集等，检测仪器设备主要包括各类生化、血液、电解质、免疫、尿液、特定蛋白、细菌培养的分析仪与测定仪。此外，还有电生理信号采集仪、植入式生理数据测控微系统、基因检测仪器等。

数字医疗检测分析仪器设备的数字化、自动化、智能化和网络化，代表了数字医疗检测分析技术和设备的发展方向。

（二）数字医疗诊断技术

数字医疗诊断技术是采用数字化医疗诊断设备或设施，利用计算机技术对信息采集、重建、融合、计算分析、后处理、显示等，为临床诊断提供了以数字化技术为特点的信息表达方式，如 CT、MRI、CR/DR、US、DSA、PET 等数字影像设备提供的各种平面、立体、多维、彩色的组织图像或功能图像，在计算机自动分析、处理的基础上，辅助临床诊断，为疾病的早期发现、准确诊断和治疗提供数字化的技术支持。数字医疗诊断技术主要包括：X 线计算机断层成像、数字超声成像技术、磁共振成像、分子影像成像、数字内镜成像、计算机辅助诊断系统等。

医学影像技术的数字化、网络化和综合化，正在推动远程医学、急救医学和社区医学的发展；影像处理技术与计算机技术融合所产生的虚拟现实技术，将成为信息时代医学教育、科研和医疗的新型手段。

（三）数字临床治疗技术

数字临床治疗技术是利用数字医疗设备或装置为疾病提供精确治疗的技术。主要包括：数字化放射治疗技术、数字化激光治疗技术、数字化植入治疗技术、数字化物理治疗技术、计算机辅助手术等。

（四）数字医疗监测监控技术

数字医疗监测监控技术是利用数字化技术或设备，对需要特别监控的患者（如重症患者、新生儿等）或重要的医疗场所（如 ICU、CCU、手术室、抢救室等）及特殊诊疗活动实施监测监控的技术。监测监控技术主要包括：有线监测监控、无线监测监控、视频监测监控和远程监测监控和植入式监测监控等。监测监控内容包括：监测人体生命体征参数（如脉搏、血压、呼吸频率、心电图数值等）、放疗剂量监测和重要医疗场所的监控等。

（五）数字医疗康复技术

数字医疗康复技术是综合运用现代物理运动康复和临床治疗康复方法及计算机技术与人工智能等技术，实现康复动态检测、治疗跟踪和结果评估。在康复治疗方面，利用数字技术、人工智能和虚拟现实等信息技术，广泛应用于功能测定、物理疗法、作业疗法、语言矫治、心理康复和临床康复，以消除或减轻病、伤、残者身心创伤、社会功能障碍，达到和保持生理、感官、智力正常，增强自立能力，使病、伤、残者能重返社会，提高生活质量。

五、数字医疗应用技术的发展

以数字化、智能化、可视化等为代表的高新技术，全方位、多角度与医学检测、诊断治疗、预测监控等技术交叉融合，不仅使临床诊断和治疗更加精确化、微创化，而且越来越多基于数字化、智能化的医疗装备应用于临床医疗之中，更加促进了新的学科生长点及学科群的形成。数字医疗应用技术受到空前的关注与重视，也为数字医学的快速发展奠定了基础。

第三节　农村数字医疗发展趋势

一、农村数字医疗模式

我国农村地区的医疗数字化程度还较低，目前正处于初步发展阶段。在数字医疗技术领域主要的模式有：远程医疗、基于 web 的医疗案例库、影像信息区域共享等。

（一）远程医疗

农村对医疗远程信息系统的需求以及新农合的启动为远程医疗奠定了基础。我国大力发展信息网络的基础设施建设，特别是电信和广电宽带网在乡村的建设并投入使用，为农村远程医疗网建设创造了基本条件，使远程医疗全方位、多功能、面对面交互式服务变得快捷。此外，医院广泛建立的医院信息系统（HIS）应是远程信息系统的组成部分。目前应用于农村的远程医疗具体表现为远程心电测量、远程农村眼科综合检查等。

远程心电系统是结合农村实际情况建立的远程心电监测与诊断网络系统，采用适宜农村的小型便携移动式诊疗、急救、自救医疗服务装备和服务模式，为提高农村医疗机构专业技术力量和医疗急救水平发挥了重要作用。

目前，农村远程心电监测诊断服务网络已在湖南省安仁县人民医院及部分乡镇卫生院投入使用。使用者在家中自行记录心电图信号，通过移动通信 GPRS 网络将心电图信号传送至中国人民解放军总医院远程心电监测诊断中心和当地县级医院，由监测中心对心电图进行诊断并将诊断结果回传至使用者和当地县级医院，进而得到快速、优质的医疗服务。远程心电监测和诊断服务实现了患者在家中足不出户即能得到医生的心电监测服务，也有效用于亚健康人群的心电监测评估。

眼科综合检查仪利用远程医疗网络成功解决了农村眼科检查器械配置少，农村医师的诊疗水平低的问题。该仪器通过传输实时眼科视频图像实现了眼科远程医疗服务，对于农村等偏远地区患者的眼科疾病诊断具有重要意义。如果医院原本配置有裂隙灯，那么仅仅需要再花费不到千元的价格就可购置这款功能齐全的眼科检查仪。这不仅可以推动远程医疗的发展，更重要的是实现了医学资源的共享，实现了即使身在农村也可以得到大城市优秀医师的临床诊断，解决了农村人民看病难、看病贵等一系列问题。

（二）基于 Web 的医疗案例库

农村医疗卫生案例，就是针对农村常见病、多发病，基于农村现有的医疗条件，以众多真实的农村医疗卫生病历为基础，从中精选完整的、典型的患者医疗过程实例，包括疾病的发生、发展、转归、检查、诊断、治疗等全部过程，并经过医学、法律、多媒体和数据库系统等相关方面的专家严格的审查、加工，使之成为教学和诊治方面具有代表性的参考案例。将已经整理好的农村医疗卫生案例，按照一定的格式，录入到计算机的数据库系统，然后配以相应的基于互联网的展示、交流、智能检索、分析等功能，就形成了农村医疗卫生公共案例库系统。

建立基于 Web 的农村医疗卫生案例库系统，旨在通过引入案例教学法，从根本上改变目前松散、落后的教学内容与形式，提高教学质量、提升教学效率，其实质上是百万乡村医生培训方面的一项重大改革。构建农村医疗卫生案例库有三项关键成功因素：案例的收集，案例的数据结构与智能检索算法。

目前我国并没有较有影响的医疗卫生案例库，更没有面向乡村医生的农村医疗卫生案例库。这就需要国家及早着手构建农村医疗卫生案例库系统，它的建成将对提高百万乡村医生职业素质、提高9亿新农合农民医疗健康水平有着非常重要的意义。

（三）影像信息区域共享

为了提高农村放射检查质量，平衡放射技术人员工作量和提高其业务素质，可以利用现有的网络资源及远程影像归档和通信系统（PACS）技术，构建区域性影像诊断中心，实行资源共享。

随着政府对农村卫生事业的不断投入及计算机网络技术的高速发展，利用公共卫生领域和各医院现有的网络环境来实现医疗资源和信息共享，在有条件的基层地区建立医学影像诊断中心，集中诊断、审核放射检查，使农村医疗机构的放射科作为二级或三级医院放射科的延伸，可以快速提高基层专业人员的业务素质，提高乡镇卫生院的医疗质量，同时可以避免重复检查，降低医疗费用，也极大地方便了患者的就医，使农民能充分享受到二级或三级医院的医疗服务。这是当今卫生资源不足的情况下，提高医疗覆盖面和提升服务质量的一种解决方案，是改善看病难、看病贵的一种有效途径。

尝试和探索建立区级医院联动区域下级医院的模式，实现影像信息资源区域共享和一体化管理，集中诊断、审核乡镇卫生院放射检查报告，以提高乡镇卫生院放射专业人员的技术水平和放射检查质量。

二、农村数字医疗设备情况

"疾病早期发现无创或微创精确治疗个性化服务"是21世纪临床医学的努力方向。医疗数字化、信息化是最重要的技术保证，医疗装备数字化是实现信息化的基础。数字化医疗产品是现代医疗器械产业的核心，是现代科学技术和卫生健康事业发展的产物。农村的数字化医疗水平还较低，农村偏远地区医疗资源匮乏，缺少大型的医疗检查设备，难以实现疑难杂症的检查诊断。

目前，农村地区的数字医疗设备配备情况还比较落后，与三级医院的数字医疗器械的配备相比，农村医院大部分只是配备了简单的数字心电设备、数字影像设备，甚至有的医院连这些数字医疗设备都不具备。设备陈旧、配备不全、设备更新换代慢是农村数字医疗设备的主要特点。

三、农村数字医疗面临的主要问题

随着我国医疗改革的不断深入，农村医疗和社区医疗作为覆盖人群最广的基本医疗保障手段正越来越多地受到全社会的关注，而乡镇卫生院正是实现这一基本医疗保障手段的单位。乡镇卫生院的信息化建设比较落后，全国只有不到5%的乡镇卫生院使用基本的医院信息系统，网络设备的欠缺、电脑系统陈旧以及资金和技术维护人员的缺乏使得乡镇卫生院的信息化建设举步维艰，随着新农村医疗合作制度的广泛推行，这一社会矛盾正变得越来越突出。

农村医院基础设施差，管理和技术相对落后，缺乏相应的专业技术力量，多数医院缺乏 IT 技术人员，甚至没有 IT 部门，这些都制约了农村医院数字化和区域卫生信息资源共享的实现。当前区域医疗资源分布不平衡，"三甲"医院的优势资源未能得到充分利用，社区医院和农村医疗机构医疗水平落后，且难以获得"三甲"医院的支持。

我国医院数字化建设整体的标准化还比较差，目前国内还没有一套成熟的医院信息系统是遵循 HL7 标准建设的。医院内部患者 ID、各种诊疗和药品等代码均是各自定义的，患者在各个医院之间的就诊信息不能得到有效共享。

四、农村数字医疗发展趋势

我国幅员广阔，人口众多，医疗水平有明显的区域性差别，特别是广大农村和边远地区。因此，远程数字医疗信息系统在我国农村更有发展的必要。随着参加新农合的人数的增多，各级新型农村合作医疗的管理信息系统也逐步建立起来，发挥了应有的作用，也为建立农村远程信息系统奠定了基础。而且在新农合中出现的一些问题，可以通过运行"农村远程数字医疗信息系统"来解决，具体如下。

（一）扩大新农合定点医疗机构的覆盖面

参加新农合的居民只能在定点医院看病，而目前新农合最多只能建立到乡镇级的医疗卫生机构。由于地域的原因，村民的急性疾病还得在村卫生所找乡村医生解决，而通过农村医疗远程信息系统的建立，可形成新农合定点医院与村卫生所的共同出诊，也缓解了因患者过多导致的大医院医疗服务质量下降的情况。

（二）降低农民的医疗费用

如果大病在基层医院通过远程医疗进行就诊，可极大地降低农民的医疗费用，同时也减少了跑远路到市里、县里看病的路费、住宿费等开销，方便在医院以外的药房购药。

（三）改善医疗资源的配置

由于基层卫生机构条件差，技术水平低和设备旧，在中心城市的大型医院建立面向乡村医生的信息咨询平台，既为患者提供早期诊断和治疗服务，也为乡村医生提供一个远程诊疗技术支持手段和即时学习的环境，对医患双方都是至关重要的。

（四）化简就医手续

农民看病难，不是难在没有医院可去，而是难在手续繁杂。远程数字医疗信息系统可以简化农民就诊的手续，甚至形成农民的终身电子病历、电子医疗保险卡，在各医疗机构间进行互相调阅。

（五）提高农村卫生保健水平

农民对自身保健的需求随着经济的发展而日益提高，他们迫切需要通过某种途径获得他们所需的保健知识。虽然有很多人员、机构在农村开展了一些保健的宣传，但难辨真伪，科学、准确的医疗保健信息才是农民真正需要的。

近年来，我国大力发展信息网络的基础设施建设，特别是电信和广电宽带网在乡村的建设并投入使用，为农村远程医疗网建设创造了基本条件，使远程医疗全方位、多功能、面对面交互式服务变得非常快捷和方便。

五、农村数字医疗发展的关键问题

近年来，随着国家加大对农村医疗卫生的投入，农村三级医疗卫生服务机构对医疗仪器的需求不断增加，传统的非数字化医疗仪器已不能满足农村医疗卫生事业发展的需求，主要表现在仪器设备质量不可靠、数字化程度低、使用不规范、环境适应性差、价格高、操作不规范，技术人员水平低下等。如何研究开发出适合农村的经济实用、性能可靠的数字医疗仪器，提高使用和维护人员的水平是迫切需要解决的关键问题。

农村数字医疗仪器呈现出向便携化、多功能化、网络化、远程化发展的特点。国际上虽然有成熟的产品，但是价格昂贵，不具备在国内，特别是农村地区推广使用的价值和可能。而国内的相关产品功能相对单一，又缺乏统一的质控体系，使用也不规范，难以保证农村地区的诊断治疗水平。因此，研发可靠、廉价的便携式、多功能、数字化医疗检测设备，制定农村数字医疗的质量标准检测体系势在必行。

影响农村医疗卫生服务水平的另一个重大问题是农村三级医疗卫生服务网络不健全，与城市医疗中心联系不紧密，没有充分发挥各级医疗卫生机构应有的功能。三级医疗卫生服务机构医疗仪器配备不合理，数字医疗和卫生信息化程度低下，不能及时将医疗信息传输到大医院或新农合数据中心。因此，如何集成研究农村三级医疗卫生机构各种数字医疗仪器应用的关键技术，解决数字医疗仪器与信息系统的接口和数据交换标准等问题，对实现各级医疗机构之间的信息传输有着极其重大的意义。

农村数字医疗仪器应用面临的一个重要问题就是缺乏数字医疗仪器的使用和维护的专业人才。农村偏远的地理环境决定了信息化程度低下，农村三级医疗机构的卫生人员少有机会接触数字化医疗仪器。为了能够充分发挥数字医疗仪器的作用，必须通过各种形式培养专业的数字医疗仪器使用和维护人才，在实际工作中能够及时发现问题、解决问题，保证数字医疗的信息化、网络化。

第二章 农村数字化医疗仪器和医疗卫生信息化需求分析

第一节 示范县调研情况

一、示范县基本情况

长海县（大连长山群岛旅游避暑度假区、长山群岛海洋生态经济区）隶属于辽宁省大连市，位于辽东半岛东侧黄海北部海域，由142个岛礁组成。陆域面积119平方公里，海域面积10324平方公里，海岸线长359公里，辖2镇3乡，人口11万。

长海县地处北纬39°，暖温带海洋性气候，冬无严寒，夏无酷暑，是消夏避暑胜地。6级（10.8 m/s）以上大风日数年均为65天，年平均大雾日数为60天。植被茂密，空气清新，被誉为天然氧吧。海水清澈、沙滩绵延、礁石奇峻、风光秀美，景致自然天成，是国家级海岛森林公园和省级风景名胜区。

2009年，长山群岛局部正式对外开放，同年纳入辽宁沿海经济带发展规划。2010年4月，经大连市委市政府批准，度假区正式成立。度假区总体定位是中国首个群岛型国际旅游休闲度假区和世界著名的海岛旅游目的地。功能是休闲会议、海岛养生、渔文化体验、休闲运动、主题游乐、生态观光、度假居住等。总体目标是用20多年时间，打造成为生态环境优美、产业结构高端的亚太地区著名温带海岛型旅游目的地、世界著名的国家海洋公园，实现对辽宁沿海经济带功能和大连旅游业发展水平的全面提升。

2011年全县地方财政总收入6.6亿元，财政一般预算收入3亿元。全县农村居民年人均可支配收入22192元，城镇居民年人均可支配收入19484元，年人均生活消费支出9467元。

二、示范县卫生发展情况

至2011年末，全县共有各级各类医疗机构42所（不含部队医疗机构），其中二级综合医院1所，县妇幼保健机构、疾病预防控制机构和卫生监督机构各1所，乡镇卫生院4所，个体诊所 8 所，企业卫生所 1 所，村卫生所 25 所。县乡医院共设病床 232 张，每千人口 3 张。县医院及各乡镇卫生院在岗临床执业医师共有 81 人，每千人口拥有 1.1 人，护理人员总数 105 人，每千人口拥有 1.4 人；专（兼）职医技人员共有 35 人，每千人口拥有 0.4 人。2011 年，门诊量县医院 61588 人次，乡镇卫生院 68184 人次；住院量县医院 2786 人次，乡镇医院 1036 人次。近几年，在县乡政府重视下，县乡医院建设取得了很大进步，具体表现在以下几个方面。

（一）领导重视，强化了基础设施建设

县政府十分重视县乡医院建设工作，将医院建设纳入重要议事日程，加大投入力度，解决县乡医院基础设施建设中存在的突出问题。2011 年 3 月陈广胤县长到县医院主持召开现场办公会，提出下步发展要求并当场决定批拨 800 万元经费用于县医院设施设备更新及基础设施维修。2005 年以来，县乡政府先后投资 3000 余万元实施公共卫生体系建设工程，完成了乡镇卫生院的新、改、扩建，为县乡医院配置了一批常用诊疗设备和急救装备，使县乡医院就医环境有所改善。

（二）落实政策，深化了医药卫生体制改革

2009 年医药卫生体制综合改革实施以来，县政府成立了医改领导小组，制定了医改实施方案，按照上级的统一部署和要求，全面落实了新农合制度，提高了统筹标准和报销比例。在全县 4 所乡镇卫生院实施了国家基本药物制度，县医院也参照执行，实行基本药物集中采购和零差价销售，规范了药品的采购、管理和使用，降低了患者的药费负担。落实了国家基本和重大公共卫生服务项目，建立居民健康档案 65721 份，建档率达 90.1%，超过市政府要求比率；实施了农村孕产妇住院分娩补助项目和农村孕妇孕中期免费超声筛查出生缺陷等免费项目；启动了全球基金艾滋病项目，推进了县医药卫生体制改革进程。

（三）立足县情，整合了城乡医疗资源

基于长海县岛屿分散、交通不便、人口问题少、服务半径大的现状，县乡医院积极与市内多家大医院结成帮扶对子，采取多种形式争取上级医院的技术支持与指导。2007 年，在大连大学附属中山医院的大力支持、资助下，建成了长海—大连大学附属中山医院远程医疗咨询系统，辐射到全县所有县乡医院，此举得到了县委县政府的高度重视，即把这一项目纳入到"数字长海"建设体系中。2010 年以来，大连大学附属中山医院向县医院派出医疗帮扶常驻医师 10 名，协助县乡医院开展新技术 15 项，组织疑难病历讨论、新技术推广介绍以及教学查房 10 余次，开展学术讲座和业务培训 10 余次。特别是建立了辐射全县 5 个乡镇、4 个村级小岛的长海—大连大学附属中山医院远程医疗咨询系统，进一步促进了城乡医疗资源的共享，一定程度上有效缓解了海岛群众看病难的问题。医疗资源整合效果明显，促进了长海县整体医疗水平的提升，得到县委县政府和海岛群众的高度评价。

（四）加强管理，提升了医疗服务水平

以"365 天安全行医"和"医院管理年"活动为契机，建立了医疗质量信息公开制度，拓宽了社会监督渠道，健全了医疗风险和医疗事故预警机制，规范了医疗机构依法执业行为，全县无重大医疗纠纷和医疗信访案件。采取多种形式不断强化卫生专业技术人员的培训，医学继续教育参加率达 100%，县乡医院整体诊疗水平有所提升，獐子岛镇卫生院还荣获了"大连市模范乡镇卫生院"的荣誉称号。

三、卫生人才队伍建设现状

大连市长海县人民医院现有 54 名医生，其中副主任医师 19 名，其他乡镇、村级卫生院的医务人员都只有 10～20 人，普遍存在人员数量缺乏、人员结构不合理、缺少培训等问题。目前，示范县严重缺乏高素质的卫生技术人员，是影响农村卫生事业发展的突出问题。由于长海县位于海岛，受人口基数所限，医疗卫生资源匮乏，本身就不利于卫生技术人员的成长，加之海岛的特殊生活环境与大陆无法比拟，使长海县卫生人才的培养、吸引、使用和稳定面临诸多困难，成为长期制约长海县卫生事业发展的瓶颈，具体表现为以下几个方面。

（一）年龄结构不合理

长海县人民医院及乡镇卫生所的卫生服务技术人员的比例和年龄都较高，年龄大部分超过 45 岁，而 35 岁以下的医师很少，对人员的引进工作进展非常缓慢，特别是乡镇卫生院人才引进难，留住更难，看病难的问题更为突出。

（二）整体质量不高

调查发现，正规院校的毕业生相对比较缺乏，具有本科学历的医生不到 50%。每年主要通过大连市政府的三支一扶（支农、支医、支教和扶贫）有关政策，为乡镇卫生院输送少量医疗专业本科毕业生，暂时缓解乡镇卫生院人才缺乏的现状。在一些调查中了解到，人才的缺失导致医护人员青黄不接，"出不去，进不来"的现象正严重地制约着医疗事业的发展。

（三）专业结构不合理

公共卫生医师和专业技术医师缺乏，有的甚至专业不是很对口，而且乡镇卫生院缺乏突出的医生、护士和临床工作人员。

（四）缺乏对现有人员的培训

人才培养是一项长期的系统工程，长海县医院和乡村医院普遍存在对现有在编医护人员

培训不到位的问题，对人员的培训缺乏系统的、长期的和有针对性的机制，导致医疗卫生人才匮乏的局面没有得到改善。

四、医疗设备配置现状

近年来，农村政府财政投入逐年增加，农村诊疗机构用房等基本情况得到明显改善，但从总体看，诊疗设备滞后，开展业务的基本仪器设备短缺、老化问题仍相当普遍，致使一些工作无法开展，海岛群众医疗保健需求受到很大限制，直接影响了县医院的业务开展和服务项目的拓展，给海岛群众的就医带来极大的不便。

（一）整体数量不足

总体来说，县乡村三级卫生院都存在缺乏基本医疗设备的问题，尤其是村卫生院甚至缺乏开展常规检验、急诊急救和简单手术的必要装备。一些常规的检查和治疗有的卫生院还无法开展，满足不了当地人民群众的卫生需求。现代诊疗设备，比如 B 超机、心电图机、X 光机、生化分析仪和多参数健康检查仪等是乡镇卫生院常用也是必需的设备，这些设备是否齐全关系到整个卫生院服务能力的好坏。经调查显示，示范县乡镇卫生院这些设备的院均拥有数均不高，每院平均不到一件。

（二）设备陈旧落后

由于多年来卫生事业经费投入不足，卫生院底子薄，所用的医疗设备大多是十年前配置的，有很多已经损坏不能使用（详见表 2-1）。

表 2-1 小长山乡卫生院设备明细

序号	设备名称	数量	型号	购买日期	产地	使用科室	说明	备注
1	波姆光治疗仪	1	PomeⅢ型	1993	大连波姆仪器厂	妇科	在用	
2	电子消毒柜	1	YB-LX-3	2001.4	上海	口腔科	已坏	
3	洁牙机	1		2002	上海	口腔科	已坏	急需
4	电热恒温培养箱	1		1998		化验科	在用	
5	超声多普勒胎音仪	1		2000		妇科	在用	
6	新生儿抢救台	1		2000		产科	在用	
7	杀菌车	1		2002		口腔科	已坏	
8	光固化机	1	ALC-500	2002	杭州奥森	口腔科	在用	
9	空气压缩机	1		2002	大连	口腔科	在用	

序号	设备名称	数量	型号	购买日期	产地	使用科室	说明	备注
10	口腔综合治疗机	1	CS320	2002	上海	口腔科	损坏	急需
11	全数字中文超声波诊断仪	1	DP-9900	2002	深圳迈瑞	B超室	损坏	急需
12	心电图机	1	Cardico302	2003	日本	心电图室	在用	
13	血流变	1	MENC90	2006	济南	化验室	在用	
14	半自动生化分析仪	1	SBA-610	2006	长春	化验室	在用	
15	双层立式向压消毒柜	1	YX-450A	2006	上海	供应室	在用	
16	X光机	1	HF50-R	2008	北京万东	放射科	在用	
17	麻醉机	1	Aeon7500A	2007	北京宜安	手术室	在用	
18	洗胃机	1	DXW-2CTKT	2008	南京道芬	抢救室	损坏	
19	制氧机	1	FY5W	2008	北京北辰	护理组	在用	
20	除颤器	1	LP20	2006	北京美敦力	抢救室	在用	
21	五官综合治疗台	1	7030	2008	哈尔滨	五官科	在用	
22	心电监护仪	1	PM-8000	2007	深圳迈瑞	护理组	在用	
23	万能手术床	1	KF307A	2008	哈尔滨	手术室	在用	
24	无影灯	1	2F620	2008	上海	手术室	在用	
25	裂隙灯	1	YX5E	2008	苏州	五官科	在用	
26	便携式B超	1	DP6600	2007	深圳迈瑞	B超室	在用	
27	半自动血凝分析仪	1	RT-2202C	2007	深圳雷杜	化验室	在用	
28	输液泵	1	OT-701	2007	日本	护理组	在用	
29	全自动血球分析仪	1	URITEST-3000	2010	桂林	化验室	在用	
30	呼吸机	1	SH200	2009	北京	手术室	在用	
31	真空高温高压灭菌器	1		2011	宁波	口腔科	在用	
32	蒸馏水机	1	RDRINK	2011	宁波	口腔科	在用	
33	剂量仪	1	BH-3084	2011	北京	放射科	在用	
34	焚烧炉	1			大连		已坏	急需

（三）使用效率偏低

造成设备使用效率低的原因很多，如缺乏正规的技术操作人员、设备维修和耗材费用高、缺乏相应的防护设施等。另外，门诊及住院业务量小，卫生院很少做手术，也是造成部分设备使用效率偏低的原因。

（四）医疗设备数字化水平较低

"疾病早期发现、无创或微创精确治疗、个性化服务"是 21 世纪医学临床的努力方向。医疗数字化、信息化是最重要的技术保证，医疗装备数字化是实现信息化的基础。数字化医疗产品是现代医疗器械产业的核心，是现代科学技术和卫生健康事业发展的产物。但是，目前长海县农村地区的数字设备配备情况还比较落后，缺少大型的医疗检查设备，难以实现疑难杂症的检查诊断。与三级医院的数字医疗器械的配备相比，农村医院大部分只是配备了简单的数字心电设备、数字影像设备，甚至有的医院连这些数字医疗设备都不具备，其主要特点是设备陈旧、配备不全、更新换代慢。

五、网络情况

除长海县人民医院和獐子中心卫生院外，其他乡镇、村级卫生院还没有建立起完整的局域网络构架，各部门工作都是单机操作，仍依靠传统的纸制单据完成就诊流程。

大连长海县是一个海岛县，与陆地进行信息传输主要依赖于微波通信，所以很难像其他地方一样随时可以去申请更高速的网络，只能在现有网络条件下通过技术手段实现远程医疗。为此调研人员对基层医院的网络速度进行了测试，对现有系统网络布线情况进行了了解，并在不同条件下与大连大学附属中山医院的远程医疗系统进行实际连接操作。以獐子中心卫生院为例，数据为 4 月 9 日下午 2 点在卫生院现场记录的患者 CT（WANGXUELI，86张图片，43.3MB）。首先在下午 5 点进行发送，此时间段是当地网络比较空闲的时候，用时为 8 分钟，通过计算可知网速大约为 71.6kB/s。考虑到当地网络在晚上 9 点是比较繁忙的时候，又在晚上 9 点进行了测试，结果传输时间在 9 分钟左右，差别不大。对于将患者 CT图片从中山医院服务器传回卫生院的下行传输，用时在 3 分钟左右，通过计算可知网速大约为 246.3kB/s。上行与下行网速表明已达到卫生院使用的 2M 宽带的极限值。在进一步的音视频传输测试中发现，视频画面和声音不同步，图像不连续，因此建议卫生院提高网络带宽，至少要达到 8M 的速度。

第二节　需求分析

一、医疗仪器升级改造与配备需求

为了适应数字医疗体系以及对其进行远程医疗服务，这些基层医院的医疗设备需要升级改造或添加新设备。主要考虑的因素包括：功能满足临床需求、课题研发产品需求及选择国产企业进行合作等。其中长海县人民医院应根据需求配置的检查及诊断数字化设备有：MR机、DR机、CT机、移动X光机、胃肠X线机，多参数数字心电监护系统，远程数字化病理设备，便携式全科医生工作站（可测量血压、尿常规、血糖，心电监测等）；并将现有设备（心电监护仪、胃镜、肠镜、超声诊断仪等）数字接口标准化；此外，还应开展适宜农村的康复理疗设备的应用。小长山、獐子岛、广鹿岛及海洋岛4个乡镇中心卫生院需将现有的心电监护仪、胃镜、肠镜、超声诊断仪、CR机等设备系统数字化并配置便携式数字医疗检测仪。村级卫生室因为受医务人员水平所限，并考虑到经常需要深入居民家中进行健康检查，所以只需配备便携式数字医疗检测仪即可。

二、农村数字医疗仪器研发需求

目前农村数字医疗仪器的发展呈现出向便携化、多功能化、网络化、远程化发展的特点。国际上虽然有成熟的产品，但是价格昂贵，不具备在国内特别是农村地区推广使用的价值和可能。而国内的相关产品功能相对单一，又缺乏统一的质控体系，使用也不规范，难以保证农村地区的诊断治疗水平。因此，研发可靠、廉价的便携式、多功能、数字化医疗检测设备，制定农村数字医疗仪器的质量标准检测体系势在必行。医疗数据必须从源头采集，按照统一格式，做到全面而准确；保证数据的采集、传输、存储、整理、分析、提取、应用的一致性，使来自影像、检验、病理、监护、药房等各种设备的数字化信息能够无损采集、存储、处理、标准化传送和共享。

三、网络建设需求

长海县三级医疗卫生服务网络不健全，与城市医疗中心联系不紧密，没有充分发挥各级医疗卫生机构应有的功能。三级医疗卫生服务机构医疗仪器配备不合理，数字医疗和卫生信息化程度低下，不能及时将医疗信息传输到大医院或新农合数据中心。因此，如何集成研究农村三级医疗卫生机构各种数字医疗仪器应用的关键技术，解决数字医疗仪器与信息系统的接口和数据交换标准等问题，对实现各级医疗机构之间的信息传输有着极其重大的意义。为了进一步实现医院的数据管理及远程医疗，首先需要帮助各乡镇、村卫生院进行局域网络建设。

四、远程医疗系统的技术需求

县级医院、乡镇卫生院、村卫生室三级不同医疗卫生机构的技术需求包括：

（1）下级接诊点可实时传输电子病历及医学影像至会诊中心；

（2）会诊中心可同步实时查看病历、影像，并对病患进行音视频会诊；

（3）会诊后需反馈诊断结果并签发报告，实时传送回下级接诊点；

（4）远程协助诊断为主要需求；

（5）会诊中心和每个基层接诊点均需设会诊终端，可以实现电子病历和医学影像同步查阅；

（6）市医院对基层医院的远程培训，包括手术示教；

（7）远程会诊系统需与医院信息系统（如 HIS、PACS 系统）对接；

（8）远程会诊系统需简单易用；

（9）后续考虑兼容接入其他县市远程会诊；

（10）向上兼容实现其他高水平医院联合会诊。

五、人才培养需求

农村数字医疗仪器应用面临的一个重要问题就是缺乏数字医疗仪器使用和维护的专业人才。农村偏远的地理环境决定了信息化程度低下，农村三级医疗机构的卫生人员少有机会接触数字化医疗仪器。为了能够充分发挥数字医疗仪器的作用，必须通过各种形式培养专业的数字医疗仪器使用和维护人才，在实际工作中能够及时发现问题、解决问题，保证数字医疗的信息化、网络化。培训方式包括：

（一）现场培训

在医疗仪器的安装和调试过程中，工程人员亲自培训，以便了解仪器的使用环境要求，正确的使用方法，仪器的工作原理、工作流程、维护保养方法等。

（二）规范化的教程培训

制定数字化医疗仪器规范化使用、维护教程，提供指导培训。

（三）继续教育培训

定期举办继续教育培训班，针对数字医疗仪器使用中常见问题和新技术、新知识、新方法等进行培训。

（四）进修培训

选派示范县数字化医疗仪器使用和维护人员到大型医院、仪器生产厂家进行实地进修培训。

（五）远程培训

通过远程网络指导，及时解决存在的问题和故障。

第三章 农村三级医疗机构数字化仪器合理配置方案

医疗设备是现代医疗机构资产的核心部分，它既是现代医疗服务功能发挥和参与市场竞争的重要手段，又是医院技术水平和能力的象征。广大农民对医疗器械配置充满了期待，他们迫切希望花更少的钱，以最方便、快捷的途径，实现对疾病的早发现、早预防和早治疗。前期调查发现，目前示范县农村三级医疗机构医疗设备存在整体数量不足、大多陈旧落后、使用效率偏低和数字化水平较低等问题。基于这种现状，如何科学合理地为农村三级医疗机构进行选型配置，农村地区最需要配置哪些医疗器械，成为思考和探讨的关键问题。

为确保提高农村医疗卫生机构的服务能力，农村医疗卫生资源的配置应发挥以县级医院为"龙头"、乡镇卫生院为"枢纽"、村级卫生室为"网底"的三级医疗网络效力。三级医院（卫生院）的数字医疗设备和远程医疗系统整体的方案规划如表3-1所示。

表3-1　农村三级医院数字化设备配置方案

医疗机构	设备配备计划
县医院	配置MR机、DR机、螺旋CT机、数字胃肠机、彩超仪、多参数数字心电监护系统、全自动生化分析仪、远程病理设备、便携式全科医生工作站（可测量血压、尿常规、血糖，进行心电监测等）、胃镜、肠镜等设备
乡镇中心医院	配备心电监护仪、胃镜、肠镜、超声仪、CT机、CR机等数字化仪器
村级卫生室	配备便携式全科医生工作站

针对示范县长海县的医疗现状，要实现农村医疗仪器数字化并与大连大学附属中山医院实现医学影像及医疗基本信息的实时传送，长海县人民医院需要实现医学影像数字化（MR机、CT机、超声仪）、数字检验、数字病理、数字心电监护及适宜农村的康复理疗设备应用；小长山、獐子岛、广鹿岛及海洋岛4个乡镇中心卫生院需将现有的摄片系统数字化，配置便携式数字医疗检测仪（可测量血压、尿常规、心电图、血糖等）；村级卫生室需配备便携式数字医疗检测仪。长海县三级医院（卫生院）的数字医疗设备配备方案、设备远程接入方案和远程医疗系统整体方案规划如表3-2、表3-3和表3-4所示。

表 3-2　长海县三级医院数字医疗设备配备方案

医院　设备	长海县人民医院	獐子中心卫生院	广鹿中心卫生院、海洋中心卫生院、小长山中心卫生院	哈仙村卫生所、大耗子村卫生所、小耗子村卫生所、褡裢村卫生所
多参数健康检查仪（全科医生工作站）PHP - 102（中国科学院深圳先进技术研究院）	2 台	2 台	3 台（各 1 台）	4 台（各 1 台）
PRECICE 赛睿系列全自动数字切片扫描系统（优纳科技）	1 套	—	—	—
中央监护系统 STAR - 8800（深圳市科曼医疗设备有限公司）	1 套	—	—	—
多参数监护仪 STAR - 8000A（深圳市科曼医疗设备有限公司）	4 台	—	—	—
全自动生化分析仪 FC - 100［孚诺科技（大连）有限公司］	1 台	—	—	—
数字化医用 X 射线摄影系统（DR）RayNova DRsg（辽宁开普医疗系统有限公司）	1 套	—	—	—
便携式 X 射线诊断设备 RayNova Rp（辽宁开普医疗系统有限公司）	1 套	—	—	—
胃肠机数字 CCD 摄像系统及图像采集处理系统	1 套	—	—	—
磁共振成像系统（磁共振）Supernova C5（辽宁开普医疗系统有限公司）	1 套	—	—	—

表 3-3　长海县三级医院数字医疗设备远程接入方案

医院　设备	长海县人民医院	獐子中心卫生院	广鹿中心卫生院、海洋中心卫生院、小长山中心卫生院	哈仙村卫生所、大耗子村卫生所、小耗子村卫生所、褡裢村卫生所
多参数健康检查仪	√	√	√	√
PRECICE 赛睿系列全自动数字切片扫描系统	√			
中央监护系统/多参数监护仪	√			

设备 \ 医院	长海县人民医院	獐子中心卫生院	广鹿中心卫生院、海洋中心卫生院、小长山中心卫生院	哈仙村卫生所、大耗子村卫生所、小耗子村卫生所、褡裢村卫生所
全自动生化分析仪	√			
数字化医用 X 射线摄影系统（DR）	√	√		
便携式 X 射线诊断设备	√			
胃肠机数字 CCD 摄像系统及图像采集处理系统	√			
磁共振成像系统（磁共振）	√			
CT 机	√	√		
CR 机			√	
超声仪	√	√		
胃镜	√	√		
肠镜	√	√		
心电监护仪	√	√	√	

表 3-4 长海县三级医院远程医疗系统（洛克斯医疗）配备方案

	设备 \ 医院	长海县人民医院	獐子中心卫生院	广鹿中心卫生院、海洋中心卫生院、小长山中心卫生院	哈仙村卫生所、大耗子村卫生所、小耗子村卫生所、褡裢村卫生所
会诊读片系统	触摸屏式专业医用液晶显示屏（55"）	1 台	—	—	—
	专业医用液晶显示屏 S213-2e（2M）	1 台	—	1 台	—
	无线键盘 + 鼠标	2 套	1 套	1 套	—
	集成新一代医学影像工作站	1 台	1 台	1 台	—
	移动式机架	1 套	—	—	—
	工作站主机（DELL 7010）Win7/ 32 位正版操作系统	1 台	1 台	1 台	—
	I-View PACS 诊断工作站	1 台	1 台	1 台	各 1 台
	专业液晶显示屏（S300-4C）	—	1 台	—	—
	专业医用显卡	—	—	1 套	—

续表

设备 \ 医院		长海县人民医院	獐子中心卫生院	广鹿中心卫生院、海洋中心卫生院、小长山中心卫生院	哈仙村卫生所、大耗子村卫生所、小耗子村卫生所、褡裢村卫生所
远程视/音频系统	高清摄像头	1个	—	—	—
	高清会议终端（含视频软件）	1套	—	—	—
	视频显示系统（55”，含机架）	1套	—	—	—
	高品质音箱	1套	—	—	—
	功放		—	—	—
	全向拾音器		—	—	—
	标清摄像头	—	—	1台	各1台
	会议终端	—	—	1套	各1套
	液晶显示器（25”）	—	—	1台	各1台
	工作站主机（DELL 7010）Win7/32位正版操作系统	—	—	1台	各1台
	音箱	—	—	1对	1对
	有线麦克风	—	—	1台	1台
网络设备	VPN路由器（H3C）	1台	1台	1台	各1台
	网线（3m）	3条	3条	3条	各1台
	插线板	2个	2个	2个	各1台
	交换机（5口）	1台	1台	—	—
	高品质音/视频数据线	3条	3条	—	—

第四章 医疗仪器质量管理

第一节 农村数字医疗仪器应用风险评估模型

一、基本原理

针对农村数字医疗仪器应用质量管理的现状，以医院医疗设备质量安全管理实践为参考，对农村数字医疗仪器风险评估开展了研究，进行了必要的前期理论准备工作，包括对风险管理理论、过程管理思想、标准化原理和质量检测技术等的应用创新和技术储备。最终，这四项基本原理便成为该项目创新和实践的理论基础。

（一）风险管理理论

风险管理理论源于西方，其核心思想是任何安全事故都源于一定的风险，只有把风险控制了，才能确保安全。为此，要对事物存在的风险进行分析、评估和控制，即分析风险来源、评估其危害程度、确定相应的预防与控制措施，其难点在于确定了风险来源后如何对其进行量化。我们结合医疗仪器的特点和应用环境，建立了风险分析与评估模型六维度，解决了医疗仪器风险分析与定量评估难题。

（二）过程管理思想

自 20 世纪 50 年代美国质量管理学家戴明博士提出了 PDCA 闭环质量管理（即计划、执行、检查、改进）的思想以来，过程管理的思想一直是西方产品和服务质量管理的核心思想，对改进和提高产品质量，造就世界级知名品牌和企业，起到了不可估量的作用。医疗仪器管理长期重采购和资产，而轻质量和过程，致使其在选型、安装验收、使用过程、临床培训、维修保障等环节，忽视了对医疗仪器的全过程、全寿命质量控制。所以，我们将过程管理的思想引入医疗仪器质量管理，设计了覆盖采购、使用和保障三个主要环节的医疗仪器质量控制体系建设方案，提高医疗仪器的全过程管理水平。

（三）标准化原理

标准是对事物、技术或过程的一种简化。为了寻求事物之间统一性、互换性、可继承性、节约成本、提高效率，当今西方特别重视对标准化原理的研究。简单地说，标准化就是将一项研究成果或实践经验以文件的形式固定下来，并达成广泛的社会共识。如今对于产品生产、技术服务、国际商贸、质量管理来说，最好的方式就是建立一系列的标准。而医疗仪器种类繁多、数量庞大，对其实施质量控制最迫切的需要就是建立各种质量控制标准和技术规范，所以，我们在医疗仪器质量控制过程中，特别注重标准和技术规范的研制工作，制定了各种医疗仪器的用前检查规范、质量检测标准和制式表格，成为规范化质量控制工作的重要技术基础。

（四）质量检测技术

医疗仪器大多是多参数的复杂技术系统，评价其质量不能凭感官和直觉，只能求助于测量技术对其各项指标进行定量分析，这就需要大量的质量检测技术作后盾。一是需要建立医疗仪器评价指标体系，建立检测、评估标准；二是检测仪器必须溯源到国家法定计量单位，确保测量数据的准确、可靠。质量检测技术为风险控制和质量管理提供了有效的技术手段。从测量的法定性角度看，质量检测包括法定的计量检定、非法定的检测或测试两种，前者需要采购或研制测量仪器并建标，且须经国家计量管理部门考核认可，后者只需要采购或研制测量仪器，并到计量部门进行周期溯源即可。因此，计量检定较检测严格，而检测更具可操作性和灵活性，适于推广。

二、医疗仪器风险分析与评估模型

自 2000 年以来，在总结医疗仪器管理、维护、使用方面相关数据和经验的基础上，根据风险管理理论，提出了医疗仪器风险分析与评估六维度模型，从设备属性、物理风险、设备特性、安全性能、致死状态和使用频度六个方面，进行定量评估医疗仪器的风险水平。该模型的建立解决了医疗仪器风险评估长期无法实现量化评估的难题，使医疗仪器风险分析从定性走向定量，按六维度模型计算医疗仪器的量化分值后，可以根据分值范围将其划分为高风险、中风险和低风险三个等级，便于分级、分类进行质量控制。因此，六维度模型使风险管理理论定量化、实用化。

（一）医疗仪器风险管理的主要内容

风险管理理论包括风险分析、风险评估与风险控制三部分。

1. 风险分析

医疗仪器风险分为动态风险和静态风险，其中静态风险是设备固有风险，包括设备属性、危险强度等，这些风险是由于设计生产方面存在的缺陷和上市前研究验证的局限性造成的。如呼吸机、心肺机、主动脉内球囊反搏等用于生命维持的设备，其静态风险最大，比较而言一些实验室设备的静态风险则较小。动态风险由设备使用环境、使用年限、故障率、维修效率等因素决定，例如临床使用环境的不确定性和错误使用，以及随着年限的增加，医疗仪器性能的退化、故障或损坏等风险。难点是如何有效识别这些风险，并采取相应对策，这就需要不断提高预见性和分析能力。

2. 风险评估

依据风险分析，找出风险的各种可能来源，对风险进行分类，确定哪些风险是最有可能发生的，重视那些大概率事件，而对于小概率事件予以忽略。对于医疗仪器而言，其往往是一个复杂的电气系统，是在医院环境下使用，且使用对象及操作者也存在不确定性，因而对其进行评定，难点是如何界定清楚与医疗仪器最密切相关的主要风险属性或类别，并对每一个类别或属性进行量化评定。

3. 风险控制

风险控制是基于风险分析与评估后，依据风险等级的不同，所采取的相应质量控制方法及措施。通过风险分析和评定，获得了医疗仪器临床应用风险的量化值，从而根据轻重缓急，制定和实施质量控制，以便在资源投入、风险控制和收益之间达成平衡。

（二）医疗仪器风险分析与评估六维度模型

根据医疗仪器的系统特性和多年的保障经验，最终确定了从六个维度对医疗仪器的风险进行分析、评估，包括：应用类型、物理属性、临床危害、安全报警、致死状态和使用频度。有了六维度模型，便可将每一种医疗仪器，从六个维度一一界定其特性，然后，对六个维度的分值求和，即获得该医疗仪器的风险分值，该值可以作为风险等级评定和风险控制实施的依据。

（三）医疗仪器风险评定表

根据上述方法制作医疗仪器风险评定表，并逐项分析和评定，然后将各项分值求和，便可得到该类或具体某台医疗仪器的风险值。另外，还可以依据经验公式，计算医疗仪器的预防性维护（PM）周期和质量监测周期。

第二节　农村数字医疗仪器质量控制实施方案

根据农村数字医疗仪器应用风险评估模型，确定农村数字医疗仪器风险评估方法，针对各种风险和质量隐患，拟采用以下实施方案。

一、制定农村数字医疗仪器质量控制目录

依据六维度模型对农村数字医疗仪器进行分析与评估，并按风险分值大小排队列表，将风险分值在 35 至 55 之间的定性为高风险医疗仪器，风险分值在 15 至 35 之间的定性为中风险医疗仪器，风险分值在 15 以下的定性为低风险医疗仪器。据此制定《农村数字医疗仪器三级质量控制目录》，有了该目录，各乡镇卫生院便可以根据自己的人员、经费和能力等实际情况，将全部数字医疗仪器依据风险等级的不同，逐步纳入分级质量控制体系，很好地兼顾了质量与成本的平衡。

二、建立农村数字医疗仪器质量控制体系

（一）理论基础 – 过程管理的思想

应用过程管理的思想设计农村数字医疗仪器质量控制体系。质量控制等级分为三级，高风险医疗仪器实施一级质量控制，包括周期计量检定（计量监督）、定期质量检测，以及临床方面的严格的使用培训与操作上岗证制度、用前常规检查和使用维护管理制度；中风险的医疗仪器实施二级质量控制，包括定期质量检测、用前常规检查和临床规范化培训与使用制度；低风险医疗仪器实施三级质量控制，包括用前常规检查和临床规范化培训与使用制度。医疗仪器的三个风险等级对应三级质量控制手段，不仅兼顾了医疗仪器风险等级、质量控制成本和质量效益的关系，而且便于操作和实施。

（二）数字医疗仪器质量控制体系

国内医疗仪器管理长期重采购和资产，而轻质量和过程，致使其在选型、安装验收、使用过程、临床培训、维修保障等环节，忽视了对医疗仪器全过程、全寿命质量控制。所以，我们将过程管理的思想引入医疗仪器质量管理，设计了覆盖采购、使用和保障三个主要环节的质量控制体系，提高农村数字医疗仪器的全过程管理水平。

1. **医疗仪器采购质量控制**

入口关解决的是医疗仪器"临床准入"问题，即保证进入临床的医疗仪器技术适宜、性能优良。主要包括两个方面：一是加强选型论证的科学性，广泛收集相关设备的临床反馈和其他质量信息，建立合格供方名录，将技术可靠、售后规范的企业或产品列入医疗机构医疗仪器产品供应商名录，并对供应商及其产品实行风险管理，增加了设备采购决策的科学性；二是对新购设备进行严格的安装验收检测，确保进入医疗机构的医疗仪器质量合格，避免经济损失的发生、降低医疗风险。

2. **医疗仪器使用质量控制**

临床使用规范化管理主要解决医疗仪器临床应用的质量问题，主要通过三个方面来减小

装备使用环节的风险。一是推行医疗仪器用前常规检查制度,即由使用人员依据操作说明书、通用程序或技术规范来检查设备运行的环境条件、附件、耗材或系统的配置情况,并开机进行功能验证或完成设备的自检,判断该设备是否处于良好的备用状态,检查的手段往往需要借助于各种简单的生理参数校验仪、模拟器,并记录、统计和分析质控的结果,使其质量处于统计控制状态;二是对临床医疗仪器使用人员加强规范化培训;三是探索建立岗前培训和操作上岗证制度。

3. 医疗仪器保障质量控制

医学工程保障解决了医疗仪器使用过程中性能质量的持续保证问题,主要是医学工程部门通过四个方面的质量控制手段来保证医疗仪器的性能质量和临床电气环境的可靠性,这是临床应用保障质量的重要技术基础。

(三)制定数字医疗仪器质量控制技术规范

组织医学工程技术人员对农村医疗仪器设备的 ISO(国际标准化组织)标准、IEC(国际电工委员会)标准和相应的行业标准,以及美国医疗器械促进协会(Association for Advancement of Medical Instrument)、美国临床工程学会(American College of Clinical Engineering)等国外主要医疗器械相关的主要学术组织发布的指南和通报等进行广泛调研,编制质量控制的指标体系和检测方法。

第三节 医用诊断 X 射线 CT 设备质量控制检测技术规范

一、参考标准

医用诊断 X 射线机管电压测试方法:GB/T 11755.1—1989;
医用诊断 X 射线机管电流测试方法:GB/T 11755.2—1989;
医用诊断 X 射线机曝光时间测试方法:GB/T 11757—1989;
X 射线计算机断层摄影设备影响质量保证检测规范:GB/T 17589—1998。

二、术语

(一)管电压

由高压发生器产生并加在 X 射线管阳极和阴极的电压,单位为 kV。

（二）管电流

X 射线管曝光时单位时间内射向阳极靶面的电子流，单位为 mA。

（三）曝光时间

高压电路中 X 射线管电压上升至其峰值的 65% ~85% 及下降至上述值的时间间隔。

（四）CT 剂量指数

沿一条垂直于断层平面直线从 −7T 到 +7T 对剂量剖面曲线积分，除以标称体层厚与单次扫描产生断层数 N 的乘积。

（五）平均 CT 值（mean CT number）

为在一定感兴趣区内所有像素 CT 值的平均值。

（六）噪声

在均匀物质影像中，给定区域 CT 值对其平均值的变异。其大小可用感兴趣区中均匀物质的 CT 值的标准偏差表示。

（七）均匀性

整个扫描野中，均匀物质影像 CT 值的一致性。

（八）基线值

基线值是 X 射线诊断设备功能参数的参考值，是在验收或状态测试合格之后，由最初的稳定性检测得到的数值，或由相应的标准给定的数值。

（九）重复性检测

重复性检测是为确定 X 射线诊断设备在给定条件下多次曝光，所监测的数值的稳定性。

三、检测仪器与环境条件

Barracuda 是一台功能强大的 X 射线分析仪器。它可以为医用诊断 X 射线装置提供便捷、准确的测量。多功能探头（MPD）可用于拍片机、乳腺机、透视机、脉冲透视、点片、牙科机、全景牙科机和 CT 机（不包括 CT 剂量）。Barracuda 可以测量的参数有电压，曝光时间，剂量，剂量率，剂量/脉冲，电流，电量，波形等。Barracuda 可以一次曝光将上述检测指标同时测量并显示出来。

四、检测项目

检测项目包括：状态检测；管电压精度；管电流精度；CTDI、CT 值准确性、噪声、场均匀性的检查；层厚的检测；床进位精度测试；定位光精度；CT 线性的测量；空间分辨率和密度分辨率。

五、检测方法

（一）状态检测

（1）分别按下设备各处急停开关，检查工作状态。

（2）在 OC 部分检查软件各功能是否正常，并记录。

（二）X 射线管电压精度的检测

（1）连接 Barracuda 主机、MPD、装有 QA Browser 的掌上电脑、电源后开机。

（2）待掌上电脑自检结束后，点击 QA Browser 软件图标，进入检测界面。

（3）待掌上电脑显示已经和 Barracuda 主机通信后，点击"Measure"，选择 MPD 探头组件，选择"CT"，再选择"Tube Voltage"，进入管电压检测界面。

（4）将多功能探头（MPD）放置于视野中央，用激光灯定好位，采用拉平片或进入维修模式，采取机架静止状态。

（5）根据球管的固有滤过设置 CT 扫描模式，选择适当的量程，设置 100kV，适当的电流曝光 4 次，记录测量数值。

（6）再将管电压分别设置为 100kV、120kV、140kV，合适的 mA 重复步骤（5）中的操作，记录所得的数据。

（7）按照公式 1 计算出每一个 kV 值对应于 mA 值的误差精度。

（8）取所得的误差精度的最大值作为该设备的管电压误差精度，并填入表格中；按照公式 2 计算重复性，填入表格。

（三）X 射线管电流精度的检测

（1）将 Barracuda 主机、非介入式 MAS – 2 钳型电流探头、装有 QA Browser 的掌上电脑以及电源线正确连接。

（2）分别打开 Barracuda 主机、掌上电脑的电源开关和管电流探头的开关，并为管电流探头选择适当的量程。

（3）待掌上电脑自检结束后，点击 QA Browser 软件图标，进入检测界面。

（4）待掌上电脑显示已经和 Barracuda 主机通信后，点击"Measure"，选择 MAS – 2 钳型电流探头组件，选择"CT"，再选择"All"，进入检测界面。（采用 mAs 模式是钳流表触发，易受干扰，容易出假值；All 模式采用 MPD 触发，测量无问题。）

（5）将 MAS-2 钳形电流探头夹在 X 射线管阳极电缆上，位置距电缆插座约 50cm。

（6）进入 CT 维修模式，设置机架静止状态。

（7）将管电流设置为高中低 3 个数值，设置合适的 kV 值，分别曝光 4 次。

（8）按照公式 1 计算出每一个 mA 值对应于相应 kV 值的误差精度，填入表格。

（9）按公式 2 计算管电流的重复性，记录，填表。

（四）测量 CTDI

（1）安装 Barracuda 和掌上电脑。

（2）将 CT 模体放在床上，位于能被照射到的位置。将 CT 电离室插入模体的中心孔，并与 Barracuda 主机相连接。检查 EMM-Bias 组件上的黄色 LED 指示灯，确认偏压是关闭的。如果 LED 点亮，不能连接 CT 电离室，要先关闭偏压。将模体周边上的一个孔放置在 12 点钟的位置，采用 CT 上的激光定位工具，使模体中心在垂直方向和水平方向上都在扫描的中心。

（3）打开 QA Browser，并在测量类型菜单中选择 CT，选择 CT 剂量。

（4）接下来出现的是探头选择屏幕。点击静电计组件，并选择您想要使用的 CT 电离室，点击选择（Select），并确认偏压已打开，大约 20 秒钟，可使偏压达到稳定。

（5）设置合适的 kV 值、mA 值，先做一次定位片扫描，确定 CT 剂量测量的位置。注意：Barracuda 在扫定位片时，可能不被触发，因为扫定位片所用的 mA 值比正常扫描要低。

（6）定位片扫描结束后，对 Barracuda 复位。

（7）根据定位片的扫描图像，设置 CT 在 CT 模体的中部进行一次扫描。

（8）现在点击应用程序（Appl），并选择 CTDI。

（9）点击层厚（slice thickness），并给出实际层厚值。如果是在测量一个多层 CT，必须采用总的层宽，即层数（number of slices）×单层层宽（individual slice width）。

（10）CT 电离室位于中心位置，进行扫描，这个值被记录，出现一个信息框，在 CT 电离室未被移至下一个位置之前，不要点击 OK。

（11）用 CT 电离室分别在 3、6、9、12 点 4 个位置上测量。

（12）显示权重 CTDI，记录数值。

（13）重复步骤 7 到 12，测量 6 组数据。

（14）计算 CTDI 的误差，按公式 3 计算重复性。

（五）CT 值准确性、噪声、场均匀性的检查

（1）放置 Catphan 500 体模在扫描床上，调节水平，用定位光定位在 CTP486 中部。

（2）使用头部扫描条件作断层扫描，记录扫描条件、层厚、扫描。

（3）取扫描图像中心一个大于 100 个像素点（如 $1cm^2$）感兴趣区（ROI），测出该区域

的 CT 值，可反复测量两次。

（4）依次在相当于时钟的 3、6、9、12 点的位置上，距体模边缘 1cm 处取 4 个与中心处相同大小的 ROI，分别测量 4 个值，可分别测量两次。

（5）在中心点测量的 CT 值的平均值为该机的水 CT 值，第 6 项测的区域的 CT 值与中心点测得的 CT 值的最大差值表示该 CT 机的均匀性，两者均用 HU 表示。

（6）通过第 4、第 5 测得的 CT 值的标准偏差最大值计算该 CT 机的噪声（N）。

（7）CT 机噪声的测量还可采用不同层厚和不同 mAs 扫描条件分别进行单次扫描，然后在两幅均匀场的影像上中心处测得 CT 值的最大偏差值以获得噪声 N。

（8）可通过改变 kV 值、mA 值采用上述方法分别测量 3 组值，测量不同曝光条件对 CT 值的影响。

（六）层厚的检测

（1）放置 Catphan 500 体模在扫描床上，调节水平，用定位光定位在 CTP401 中部。

（2）使用头部扫描条件作断层扫描，记录扫描条件、层厚，扫描。

（3）测量扫描图像中斜线相邻区域 CT 值为 L_1；窗宽调到最小，调节窗位，直至四条斜线消失时，记录窗位 L_2。测量窗位：$L = (L_1 + L_2)/2$，窗宽调到最小，调节窗位到 L，测量四条斜线值 X、Y 长度，计算层厚，测量 4 组数据并做记录。

（4）更改层厚，重复 1~3 步骤两次，计算误差。

（七）床运动精度测试

（1）在扫描床上做标记，量出距离内定位光实际距离。

（2）设置进床距离 X 为 300 毫米。

（3）按进床钮，进床。

（4）量出实际运动距离 Y，计算进床精度。

（5）按上述方法，设置退床距离，出床后测量实际运动路程，计算退床精度。

（八）定位光精度

（1）将 Catphan 500 体模放在扫描床上，调节水平，并使其处于扫描野正中。

（2）使内定位光光标和 Catphan 500 定位光标重合。

（3）先进床 150mm，再退床 150mm，测量定位光和 Catphan 500 定位光标的距离 Y。

（4）计算定位光精度。

（九）CT 线性的测量

（1）将 Catphan 500 体模放在扫描床上，调节水平，用定位光定位在 CTP401 中部。

（2）使用头部扫描条件作断层扫描，记录扫描条件、层厚、扫描。

（3）测量图像中 4 种不同材料圆柱的 CT 值并记录。

（4）再测量 3 幅图像，分别记录各 CT 值。

（5）计算对比度标度。

（十）空间分辨率

（1）放置 Catphan 500 体模在扫描床上，调节水平，用定位光定位在 CTP528 中部。

（2）使用头部扫描条件作断层扫描，记录扫描条件、层厚，扫描。

（3）可以清晰地看到线对的图像，变换窗宽窗位，记录能清晰看清且连续的线对数。

（4）另外两幅可以清晰地看到线对的图像，记录。

（十一）密度分辨率

（1）放置 Catphan 500 体模在扫描床上，调节水平，用定位光定位在 CTP528 中部。

（2）使用头部扫描条件作断层扫描，记录扫描条件、层厚，扫描。

（3）测量密度差为 0.5% 的目标物，调整窗宽窗位，使窗宽等于目标与背景 CT 值之差加上目标和背景标准偏差中的大值的 5 倍，窗位等于目标与背景 CT 值的平均值。

（4）找出视觉可分辨的最小的圆的尺寸，以能看到圆面积的 80% 为有效，记录数值。

六、检测周期

（1）以上项目每年检测一次。

（2）对于检测不合格的设备，应及时维修，使之符合相关标准，并加大对该设备的检测频率。

（3）应根据临床使用者提供的反馈意见，及时发现质量隐患。对存在质量隐患的设备，应做到时时检测。

（4）应根据预防性维护（PM）的周期和结果进行检测。

（5）更换重要配件（如 X 射线管）后，应予以检测。

第四节 医用诊断 X 射线摄影装置
质量控制检测技术规范

一、适应范围

本规程适用于医用诊断 X 射线摄影装置，包括常规 X 射线摄影机和数字 X 射线摄影机

（DR）。暂不涉及透视用 X 射线机、牙科 X 射线摄影机、乳腺 X 射线摄影机和使用栅控 X 射线管的 X 射线装置。

二、参考标准

医用诊断 X 射线机管电压测试方法：GB/T 11755.1—1989；
医用诊断 X 射线机管电流测试方法：GB/T 11755.2—1989；
医用诊断 X 射线机曝光时间测试方法：GB/T 11757—1989；
500mA 医用诊断 X 射线机 YY 0009 – 90。

三、术语

（一）管电压

由高压发生器产生并加在 X 射线管阳极和阴极的电压，单位为 kV。管电压表示 X 射线的穿透力，管电压高产生的 X 射线穿透力强，管电压低产生的 X 射线穿透力弱。随着管电压的升高，X 射线能量加大，康普顿效应增加，散射线含有率增加，影像的对比度下降；当管电压较低时，光电效应所占的比例加大，影像的对比度加大。因此，管电压是影响影像密度、对比度以及信息量的重要因素。

（二）管电流

X 射线管曝光时单位时间内射向阳极靶面的电子流，单位为 mA。射向阳极的电子越多，和靶物质发生各种作用的数量就越多，所以，管电流与 X 射线的量相对应。

（三）曝光时间

高压电路中 X 射线管电压上升至其峰值的 65% ~ 85% 及下降至上述值的时间间隔。管电流与曝光时间的乘积（mAs），与 X 射线在该时间内辐射的总能量相对应。

（四）空气比释动能（吸收剂量）

X 射线与单位质量的空气作用时，在空气中电离出的全部带电粒子的初始动能总和。吸收剂量是指单位质量被照射物质吸收电离辐射能量的大小。二者的国际制单位是焦耳/千克，专用名称为戈瑞，符号是 Gy。

（五）空气比释动能率（吸收剂量率）

单位时间内空气比释动能（吸收剂量）的增量。

（六）半值层

X 射线通过一定厚度的滤过板后，如果其剂量衰减为原来的一半，则这一厚度叫作这种材料对这种 X 射线的半值层。通常用半值层表示 X 射线的质。

（七）空间分辨力

空间分辨力也称高对比度分辨力，表征 X 射线摄影设备区分两个相邻且密度相差较大的组织影像的能力，以每毫米可以分辨出多少线对表示，即 LP/mm。

（八）密度分辨力

密度分辨力也称低对比度分辨力，表征 X 射线摄影设备区分两个相邻且密度相差较小的组织影像的能力，以能分辨出检测体模的灰阶数量来表示。

（九）光野与照射野的一致性

衡量 X 射线的照射野与可见光野的一致性，以横向偏差、纵向偏差和中心偏差来表示。

（十）射线的准直度

衡量 X 射线与射线接收平面的垂直性，以准直度表示。

四、检测项目

检测项目包括：管电压精度和重复性；管电流精度和重复性；曝光时间精度和重复性；半值层；剂量重复性；空间分辨力；密度分辨力；光野与照射野的一致性和射线准直度；紧急开关有效性检测。

五、检测方法

（一）管电压、管电流、曝光时间、吸收剂量和 80kV 条件下的半值层的检测

（1）将 Barracuda 主机、多功能探头、非介入式管电流探头、蓝牙通信接口和装有 QA Browser 的掌上电脑以及电源正确连接。

（2）打开 Barracuda 主机和掌上电脑的电源开关。

（3）Barracuda 自检结束后，点击掌上电脑主页上的 QA Browser 软件图标，此时，掌上电脑显示正在与主机进行蓝牙通信。

（4）待掌上电脑显示完成与 Barracuda 主机的无线通信后，点击"Measure"，进入测量选择界面，这时，同时选中多功能探头组件和非介入式管电流探头组件，选择"Radiography"，

再选择"All",进入"所有参数"检测界面。

(5)将多功能探头放置于照射野中央;将非介入式管电流探头夹在 X 射线管阳极电缆上,探头上的箭头标记指向 X 射线管,探头位置距电缆插座约为 50cm,设置量程为 4A 档,将 SID 调整至正常检查时的数值,通常为 1m。

(6)取消 X 射线摄影机的所有附加滤过,关闭电离室,将曝光条件设置为 60kV、32mAs(400mA、80ms),进行 6 次曝光,分别将得到的管电压实测值、管电流实测值、曝光时间实测值和曝光剂量实测值记录于"X 射线摄影装置质量检测原始记录表"(以下简称"原始记录表")中的相应单元格内。

(7)再将曝光条件分别设置为 80 kV、24 mAs(100mA、240ms)和 125 kV、10mAs(50mA、200ms),重复步骤(6)中的操作,分别将管电压实测值、管电流实测值、曝光时间实测值和曝光剂量实测值记录于原始记录表中的相应单元格中。将 80kV 条件下测得的半值层记录在表格中。

(8)计算出每一个管电压预置值、管电流预置值和曝光时间预置值的相对误差,管电压、管电流、曝光时间和吸收剂量的重复性。

(9)取所得的误差精度和重复性的最大值作为该设备相应指标的相对误差和重复性,并记录在原始记录表相应的单元格中。

(二)空间分辨力的检测

(1)取出滤线栅,将线对卡置于照射野中心,使线对卡的对角线与光野的十字线重合,设置曝光条件为 70kV 和自动曝光控制(AEC)模式,选择适当的电离室和光野大小,将 SID 设置为 1m,进行 1 次曝光。

(2)冲洗胶片或者调整数字图像的亮度和对比度(可适当放大数字图像),将能分辨出的最大线对数作为空间分辨力的检测结果,记录在原始记录表的相应单元格中。

(三)密度分辨力的检测

(1)将阶梯铝模或低对比度分辨力测试体模置于照射野中心,设置曝光条件为 70kV 和自动曝光控制(AEC)模式,选择适当的电离室和光野大小,将 SID 设置为 1m,进行 1 次曝光。

(2)冲洗胶片或者调整数字图像的亮度和对比度,将能分辨出的最多的灰阶数或者测试体模的最小孔径作为密度分辨力的检测结果,记录在原始记录表的相应单元格中。

(四)光野与照射野一致性和射线准直度的检测

(1)将限束器检测板置于光野的中心,检测板的中心与光野的中心重合,调整光野的大小,使光野的边缘与检测板上的刻度线重合。

(2)将线束准直检测筒一端的小钢珠与检测板的中心重合,用随检测筒附带的水平计检测检测筒上表面的水平程度，如达不到要求，需调整检测板和检测筒的水平。

（3）设置曝光条件为 70kV 和自动曝光控制（AEC）模式，进行 1 次曝光。

冲洗胶片或采集数字图像，图像中检测板的刻度线即可看作是可见光野，测量射线野相对于刻度线的横向偏差、纵向偏差，记录在原始记录表的相应单元格中。

（4）观察检测筒上下两个表面中钢珠的影像相对位置，如果上表面中的钢珠的影像在检测板中心的小圆内，表示准直度小于 3%；如果在检测板中心的大圆内，表示准直度小于 6%。

第五节 便携式数字医疗检测仪质量控制检测技术规范

一、适应范围

本操作规范适用于多参数便携式数字医疗检测仪中的无创血压、血氧的提取和监测，可减少便携式数字医疗检测仪的使用故障率，提高便携式数字医疗检测仪使用中的安全性和准确性。

二、参考标准

GB 9706.1—1995 医用电气设备第一部分：安全通用要求；

GB/T 14710—1993 医用电气设备环境要求及试验方法；

YY 91079—1999 心电便携式数字医疗检测仪；

ISO 9919—2005 Pulse Oximeters-Particular Requirements；

IEC 60601 – 2 – 30—1999 Medical electrical equipment-Part 2 – 30：Particular requirements for the safety，including essential performance，of automatic cycling non-invasive blood pressure monitoring equipment。

三、检测仪器与环境条件

（一）QA – 1290 无创血压检测仪

工作温度：15 ~ 35℃/59 ~ 95 ℉。

储存温度：0 ~ 50℃/32 ~ 122 ℉。

（二）PS420 多参数患者模拟器

环境温度：（20±10）℃。

四、检测项目或技术指标

心率检测：30BPM，60BPM，80BPM，120BPM，180BPM。

血氧饱和度检测：85，88，90，98，100。

无创血压检测：60/30（40），80/48（58），100/65（77），120/80（95），150/95（114）。

五、检测方法及注意事项

（一）心率检测

（1）打开 PS420 多参数患者模拟器开关。

（2）将心电电缆与 PS420 连接，注意心电连接标识，标识定义如下：

RA／R（右臂）；LA／L（左臂）；RL／N（右腿）；LL／F（左腿）；V_1／C_1～V_6／C_6 导联，同样也可用作心脏外部电极或是单极性胸部导联（IEC）。

（3）连接好心电电缆后，按面板上"7"键，屏幕出现"7 = ECG RATE"，然后选择面板右下角的"enter"键。默认 ECG 的心率为 80BPM，在屏幕下方通过选择"change"的上、下箭头来分别选择 30BPM，60BPM，80BPM，120BPM，180BPM，并根据检测报告填写相应数据。

（二）无创血压检测

（1）打开无创血压分析仪电源开关。

（2）连接血压管路和袖带至检测仪。从 NIBP 输出的气管通过锁扣连接到 QA－1290 的气压输入口上，袖带管路通过锁扣连接到袖带接口上。

（3）按"BP TEST（F5）"，进入测试索引屏幕。

（4）按"Start BP Test（F5）"，进入检测屏幕。

（5）根据检测规程选择相应的血压值来进行检测，并做记录。

（三）血氧饱和度测试仪

（1）将血氧饱和度测试仪 Deag 探头与仪器相连，并接通电源。Deag 必须使用 9V 400mA 直流变压器或使用 4 节 AA（5 号）碱性电池。

（2）开机后将显示仪器的版本号，然后进入到主菜单。

（3）将 Deag 的探头接入到血氧饱和度仪的光电传感器上，并注意探头的方向朝上。

（4）使用键盘上的上下键来修改，并按"enter"键确认。

（5）要想选择血氧模块的厂家，环境光亮度，肤色以及设置自动模拟等参数，按F3功能键选择进入第二主菜单。

六、检测周期

定期检测：通常为每年一次，如果使用频率过高为每半年一次。

常规检测：机器每次维修任务完成后必须进行检测。

指令性检测：新品牌设备引进、科室要求。

第六节 医用磁共振成像系统质量控制检测技术规范

一、适用范围

本规范规定了医用磁共振成像（magnetic resonance imaging，MRI）系统质量控制检测的项目、技术要求及检测方法，适用于医疗卫生单位日常 MRI 系统的质量控制检测。

二、术语和定义

（一）共振频率（resonance frequency）

MRI 系统的共振频率是指由质子的磁旋比和静磁场 B 所确定的进动频率，也是整个射频发射和接收单元的基准工作频率。

（二）射频发射增益（radio-frequency transmit gain）

射频发射增益是系统根据采集到的射频信号大小自动调节射频发射信号大小的指标。

（三）信噪比（signal-to-noise ratio）

图像的信噪比指图像的信号强度与背景随机噪声强度的比值。

（四）伪影（artifact）

伪影是指 MR 图像中与实际解剖结构不相符的信号，表现为图像变形、重叠、缺失、模糊等。

（五）图像均匀性（image uniformity）

图像均匀性指磁共振成像系统在扫描区内对磁共振特性均匀的物质产生均匀信号响应的能力。

（六）空间分辨力（spatial resolution）

空间分辨力指成像感兴趣区内的体素大小，直接决定着图像的细节显示能力，决定了 MRI 在高对比度下对两个相邻微小物体的分辨能力。

（七）低对比度分辨力（low contrast resolution）

低对比度分辨力指 MRI 对信号大小相近物体的分辨能力，即反映组织的对比度——噪声比 CNR（contrast noise ratio）。

（八）空间线性（spatial linearity）

空间线性是描述任何 MR 系统所产生图像几何变形程度的参数。

（九）层厚（slice thickness）

层厚是指成像层面在成像空间第三维方向上的尺寸，表示一定厚度的扫描层面，对应一定范围的频率带宽，即为成像层面灵敏度剖面线的半高全宽度（full width at half-maximum, FWHM）。

（十）磁场的均匀性

磁场的均匀性指在特定容积限度内磁场的同一性，即穿过单位面积的磁力线是否相同，以主磁场的百万分之几定量表示。

（十一）基线值（baseline value）

基线值是指大型医疗设备质量检测中评价质量性能参数的参考值。

三、检测条件

（一）环境条件

温度：（23 ± 5）℃；相对湿度：（50 ± 15）%；大气压力：（86.0 ~ 106.0）kPa。

（二）检测设备

1. 磁共振线圈配套均匀模体

2. MRI 专用性能测试模体

应符合 ACR（美国放射学院）、NEMA（美国电器制造者协会）、AAPM（美国物理师协会）或者其他权威机构推荐的技术要求，至少能够完成信噪比、伪影、图像均匀性、空间分辨力、低对比度分辨力、空间线性、层厚 7 项检测项目的检测。

3. 磁场强度计

测量范围（0~3）T，分辨力为 0.1mT。

四、检测项目及技术要求

检测项目及其技术要求见表 4-1。

表 4-1 医用 MRI 质量控制检测项目和技术要求

编号	检测项目	技术要求	检测周期
1	共振频率	连续两天的中心共振频率偏差不大于 2×10^{-6}	日
2	射频发射增益	变化不超过基线值的 10%	日
3	信噪比	不低于基线值的 95%	日
4	伪影	图像区域无明显伪影，伪影信号强度应小于实际信号的 5%	月
5	图像均匀性	不低于基线值的 95%	月
6	空间分辨力	仅能比基线值低 1 挡	月
7	低对比度分辨力	仅能比基线值低 1 挡	月
8	空间线性（几何测量精度）	不超过 ±5%	月
9	层厚	标称层厚≥5.0mm，误差≤1.0mm；2.0mm≤标称层厚＜5.0mm，误差≤0.5mm	年
10	磁场均匀性	最大相对偏离不超过 ±2.0%	年
11	磁场强度		年

五、检测方法

由于各个医院所配备的 MRI 质量控制检测模体有所不同，有的医院尚无专用性能模体，故本规范基于线圈配套均匀模体及符合 ACR 技术标准 MRI 性能检测模体或符合 AAPM 技术标准的 MRI 性能检测模体的检测方法，使用其他性能模体可参照执行。

（一）定位与扫描

检测时，首先进行模体的定位。把模体水平放置在扫描床上已装好的头部线圈内，测试模体置于线圈中间，用水平仪检查是否水平，其轴与扫描孔的轴平行，定位光线对准模体的中心，并将其送入磁体中心。

定位后，进行三平面定位像的扫描，由所得到的三平面定位像确定经过模体中心的矢状位扫描，由所得的矢状位图像确定对模体各横断位断层的扫描。

ACR 模体在矢状位上定轴位时，从 ACR 模体最下端 45°楔形边相交的顶点开始，到最上端 45°楔形边相交的顶点结束，按照规定扫描 11 层。

AAPM 模体矢状位定位像，横断位断层分别检测 MRI 的均匀性、几何畸变、空间分辨力、低对比度分辨力和层厚。

（二）检测项目和检测方法

（1）中心共振频率；

（2）射频发射增益；

（3）信噪比；

（4）图像均匀性；

（5）空间分辨力；

（6）空间线性（几何测量精度）；

（7）层面的层厚；

（8）对比度分辨力；

（9）主磁场强度。

六、检测记录与结果处理

（一）检测记录

在进行检测时应有详尽的记录。

（二）检测结果处理

（1）日检测的结果填写在磁共振每日质量控制检测记录表中。如果发现检测结果不合格，技术人员应立即上报临床医学工程师，根据情况做相应检修处理，必要时请生产厂家或维修机构解决，直到设备性能符合要求才能用于临床检查。

（2）年度检测由上级检测机构或相关计量检测机构完成。

第七节　医用超声多普勒诊断设备
质量控制检测技术规范

一、适用范围

本规范规定了医用超声多普勒诊断设备质量控制的一般要求，适用于配接非介入性平面线阵、凸阵、相控阵、容积和机械扇扫（包括单元式、多元切换式和环阵）探头的，且探头标称频率在（1.5～15）MHz 范围内的医用超声多普勒诊断设备的检测。

本规范适用于医用超声多普勒诊断设备在临床应用中的周期检测、修后检测、验收检测、退役鉴定以及临床评价等技术环节。

本规范不适用于超声多普勒胎儿监护仪、超声多普勒胎儿心率仪及经颅多普勒血流仪的检测。

二、参考标准

下列文件中的有关条款通过引用而成为本规范的条款。凡注日期或版次的引用文件，其后的任何修改（不包括勘误的内容）或修订版本都不适用于本规范，然而，鼓励根据本标准达成协议的各方研究是否可使用这些文件的最新版本。凡不注日期或版次的引用文件，其最新版本适用于本规范。

GB 9706.9—1997　医用电气设备　医用超声诊断和监护设备安全专用要求；

GB 10152 B 型超声诊断设备。

三、术语和定义

GB 9706.9 和 GB 10152 确立的以及下列术语和定义适用于本规范。

（一）多普勒频谱信号灵敏度（doppler signal sensitivity）

能够从频谱中检测出的最小多普勒信号。

（二）彩色血流灵敏度（color flow sensitivity）

能够从彩色血流成像中检测出的最小彩色血流信号。

（三）血流探测深度（flow penetration depth of doppler）

能够从噪声中检测出多普勒信号的最大深度。

（四）最大血流速度（maximal flow velocity）

在不计噪声影响的情况下，能够从取样容积中检测的血流最大速度。

（五）血流方向分辨力（directional discrimination）

彩超辨别血流方向并以血流图颜色和/或多普勒频谱相对于基线的位置予以表达的能力。

（六）多普勒仿血流体模（blood-mimicking Doppler phantom）

代表软组织中的一段血管及其内流动着的血液的物理模型。该体模由仿组织材料和受驱动流经其中的仿血液组成。

四、概述

医用超声多普勒诊断设备（以下简称"被检仪器"）采用了彩色超声多普勒诊断技术，其是在黑白超声诊断技术基础上，利用多普勒技术，在二维解剖结构图像的血管位置处，叠加其内部血流动力学信息，从而同时获得解剖学和生理学两方面的信息。它能够无创伤地检查体内运动器官和血流的各类信息，对心血管、脑血管和心脏室壁方面的诊断效果尤其显著。现已广泛应用于血管、心脏、胎儿等的临床诊断。

五、计量特性

计量特性包括：盲区、最大探测深度、几何位置示值误差、侧/轴向分辨力、多普勒频谱信号灵敏度、彩色血流灵敏度、血流探测深度、最大血流速度、血流速度示值误差和血流方向识别能力。

六、通用技术要求

（一）外观及附件

被检仪器应标有生产厂家、型号、出厂日期及编号、电源额定电压及频率。被检仪器及配接探头外部应无影响正常使用的机械损伤。附件应齐全，并有使用说明书。

（二）基本功能检查

（1）被检仪器面板开关和按键应灵活可靠，紧固部位应不松动。

（2）在使用条件下，被检仪器应有超声输出，各项显示正常，各开关和按键功能正常。

七、检测条件

（一）环境条件

（1）环境温度：（19～25）℃。

（2）相对湿度：不大于80%。

（3）大气压力：（70～106）kPa。

（4）供电电源：电压（220±22）V，频率（50±1）Hz。

（二）检测设备

（1）仿组织超声体模；

（2）多普勒仿血流体模；

（3）泵系统；

（4）流量计。

八、检测项目

检测项目见表4-2。

表4-2　检测项目一览表

序号	检测项目	技术要求章条号	检测方法章条号
1	外观及基本功能检查	6.1，6.2	9.1，9.2
2	盲区	5.1	9.3
3	最大探测深度	5.2	9.4
4	几何位置示值误差	5.3	9.5
5	侧/轴向分辨力	5.4	9.6
6	多普勒频谱信号灵敏度	5.5	9.7
7	彩色血流灵敏度	5.6	9.8
8	血流探测深度	5.7	9.9
9	最大血流速度	5.8	9.10
10	血流速度示值误差	5.9	9.11
11	血流方向识别能力	5.10	9.12

九、检测方法

（一）外观

目视检查外观、文字标识和探头，应符合本节六中外观及附件的要求。

（二）基本功能检查

通电后，检查被检仪器各项功能，应符合本节六中的要求。

（三）盲区

（1）根据被检仪器配接探头的标称频率选用相应的仿组织超声体模（以下简称"体模"）。

（2）将探头经水性凝胶型医用超声耦合剂或除气水（以下简称"耦合媒质"）垂直置于超声体模的声窗上。

（3）将探头顶端对准盲区靶群，调节被检仪器的总增益、时间补偿增益（TGC）、对比度和亮度，将声窗近距离处的 TM 材料背向散射光点调弱或隐没，对具有动态聚焦功能的机型，使其在声窗近距离处聚焦，保持靶线图像清晰可见，平移探头，观察距探头表面最近且其图像能被分辨的那根靶线，该靶线所在深度为该探头的盲区。

（四）最大探测深度

（1）根据被检仪器配接探头的标称频率选用相应的体模。

（2）将探头经耦合媒质垂直置于体模的声窗上。

（3）将探头顶端对准探测深度靶群，调节被检仪器的总增益、TGC、对比度和亮度等，在屏幕上显示出由 TM 材料背向散射光点组成的均匀声像图；对具有动态聚焦功能的机型，使其在远场聚焦，直至靶线目标群清晰显示，且无光晕和散焦，冻结图像。读取深度靶群图像中可见的最大深度靶线所在深度，即为被检仪器配接该探头时的最大探测深度。

（五）几何位置示值误差

（1）横向几何位置示值误差；

（2）纵向几何位置示值误差。

（六）侧／轴向分辨力

（1）侧向分辨力；

（2）轴向分辨力。

（七）多普勒频谱信号灵敏度

（1）连接多普勒测量系统。

（2）将探头对准多普勒仿血流体模中的仿血液，调节被检仪器的总增益、TGC、对比度和亮度等，将 TM 材料背向散射光点隐没，形成均匀声像图；对具有动态聚焦功能的机型，使其在被测深度聚焦。

（3）启用被检仪器频谱多普勒测量功能，调节彩色标尺（scale）、多普勒输出功率等功能，同时提高接收增益，并保持所显示的频谱无过度电子噪声。将多普勒测量系统中仿血液血流速度从零逐渐增大，直至被检仪器显示出频谱图，从多普勒测量系统读取此时的血流速度，即为被检仪器配接该探头时的多普勒频谱信号灵敏度。

（八）彩色血流灵敏度

（1）连接多普勒测量系统。

（2）将探头对准多普勒仿血流体模中的仿血液，调节被检仪器的总增益、TGC、对比度和亮度等，将 TM 材料背向散射光点隐没，形成均匀声像图，并保持靶线图像清晰可见；具有动态聚焦功能的机型，使其在被测深度聚焦。

（3）启用被检仪器彩色多普勒测量功能，彩色标尺（scale）、多普勒输出功率等功能，同时提高接收增益，并保持所显示的彩色血流图无紊乱。将多普勒测量系统中仿血液血流速度从零逐渐增大，直至被检仪器显示出彩色血流图，读取多普勒测量系统此时的血流速度，即为被检仪器配接该探头时的彩色血流灵敏度。

（九）血流探测深度

（1）连接多普勒测量系统。

（2）调节多普勒测量系统，使仿血液流速较高，将探头对准多普勒仿血流体模中的仿血液，调节被检仪器的总增益、TGC、对比度和亮度，将 TM 材料背向散射光点隐没，并保持血流图像清晰可见。具有动态聚焦功能的机型，使其在被测深度聚焦。调节多普勒输出功率，同时提高接收增益，并保持所显示的频谱无过度电子噪声。

（3）沿体模表面平移探头，使其与仿血管的距离由小变大，当频谱图形不断减弱直至消失时，停止移动。用电子游标沿其轴线方向测量声窗表面至仿血管上表面的距离即为血流探测深度。

（十）最大血流速度

（1）连接多普勒测量系统。

（2）将探头对准多普勒仿血流体模中的仿血液，调节被检仪器的总增益、TGC、对比度和亮度等，将 TM 材料背向散射光点隐没，并保持靶群图像清晰可见。具有动态聚焦功能的机型，使其在被测深度聚焦。

（3）逐渐增加多普勒测量系统仿血液流速，调节被检设备的帧频、取样容积和位置等，使之测量血流速度达到最大，读取多普勒测量系统此时的血流速度，即为被检仪器配接该探头时最大血流速度。

（十一）血流速度示值误差

（1）连接多普勒测量系统。

（2）将探头对准多普勒仿血流体模中的仿血液，调节被检仪器的总增益、TGC、对比度和亮度等，将 TM 材料背向散射光点隐没，并保持靶线图像清晰可见。具有动态聚焦功能的机型，使其在被测深度聚焦。

（3）调节多普勒测量系统仿血液流速，使被检仪器彩色成像最佳。分别读取多普勒测量系统和被检设备多普勒频谱功能测量的血流速度，按公式计算相对误差，即为被检仪器配接该探头时血流速度示值误差。

（十二）血流方向识别能力

（1）连接多普勒测量系统。

（2）将探头对准多普勒仿血流体模中的仿血液，调节被检仪器的总增益、TGC、对比度和亮度等，将 TM 材料背向散射光点隐没，形成均匀声像图。具有动态聚焦功能的机型，使其在被测深度聚焦。多普勒频谱显示模式，应无方向颠倒和旁路现象。彩色血流成像模式，当血流朝向探头时，其应显示为红色；当血流背离探头时，其应显示为蓝色。即被检设备能识别血流方向。

（十三）重复检测

对被检仪器临床实际配接的所有探头，重复检测全部内容。

十、检测原始记录格式和检测结果的处理

（一）检测原始记录

检测时应做详尽记录。

（二）检测结果的处理

（1）被检项目全部符合技术要求，判定被检仪器合格，粘贴专用合格标签。

（2）对检测不合格的设备，应立即停用，并进行维修，如果主机合格，其配接探头不

合格，应对该探头进行维修或更换。

十一、检测周期

（一）定期检测

通常为每年一次，如果设备使用频率过高，应每半年一次。

（二）修后检测

维修后必须进行检测。

（三）其他检测

验收、委托方提出要求时进行检测。

第八节　心电图机质量控制检测技术规范

一、适用范围

本规范规定了医院心电图机使用设备质量与安全控制的要求和方法。

二、参考标准

下列文件对于本文件的应用是必不可少的。凡是注日期的引用文件，仅所注日期的版本适用于本文件。凡是不注日期的引用文件，其最新版本（包括所有的修改单）适用于本文件。

GB 9706.1—2007 医用电气设备第 1 部分：安全通用要求；

JJG 1041—2008 中华人民共和国国家计量检定规程数字心电图机。

三、术语和定义

GB 9706 和 JJF 1041 界定的术语和定义适用于本规范。

（一）心电图机质量控制（quality control for electrocardiographs）

指为保证心电图机质量要求所采取的一系列措施、方法和手段。

（二）心率（heart rate）

用来描述心动周期的专业术语，是指心脏每分钟跳动的次数。

四、管理基本要求

（一）管理组织

（1）医院应根据自身情况建立包括医疗机构主管部门、医疗业务管理部门、医疗器械管理部门的三级管理制度，成立医疗器械管理委员会。

（2）医疗器械管理委员会应包括医疗机构主管部门、医疗业务管理部门、医疗器械管理部门、医疗器械使用部门、后勤保障部门的负责人。

（二）管理职责

（1）医疗机构主管领导应对医疗器械的质量与安全控制负有领导责任，保障医学工程技术人员配备。

（2）医疗业务管理部门应协调各部门心电图机质量与安全控制方面的事宜。

（3）医疗器械管理部门对心电图机的质量与安全全面负责。

（4）使用部门应设置专职或兼职的设备管理人员，负责本部门的医疗器械日常管理工作；组织本部门人员学习与落实心电图机的质量控制与安全管理制度；组织操作人员接受操作规程的培训，严格按照使用规范进行操作；一旦发现心电图机故障，确保落实替代流程，满足医疗的需要；配合医疗器械管理部门的监管工作。

（三）管理制度

（1）应建立健全心电图质量控制与安全运行管理制度，并公布执行。

（2）心电图质量控制与安全运行管理制度应包括质量与安全控制计划和技术操作规范，使用记录制度，设备替代流程，日常保养制度，故障报修制度，心电图机日常制度以及心电图机技术资料与管理资料档案保存制度。

五、质量与安全控制基本要求

（1）新购置心电图机的验收。

（2）心电图机使用质量与安全控制。

（3）心电图机性能检测。

（4）心电图机的维修。

（5）心电图机的报废。

六、质量与安全检测的技术要求

（一）通用要求

被检测心电图机应标有生产厂名、型号、出厂日期及编号、电源额定电压、频率，不得有影响其正常工作的机械损伤，所有旋钮、开关应牢固可靠，定位准确。被检测心电图机应附件齐全。

（二）检测条件

1. 环境条件

符合 JJG 1041 校准条件要求。

2. 质量控制的规范仪器及配套设备

质量控制的规范仪器及配套设备见表 4-3。

表 4-3 质量控制设备一览表

设备名称	主要技术要求
信号发生器	1. 信号类型：方波、正弦波、ECG 仿真信号
	2. 正常窦性心律：30~300 次/分，最大允许误差 ±1% 正弦波频率：0.1~100Hz，最大允许误差 ±1% R 波仿真宽度：40~120ms，最大允许误差 ±1%
	3. 幅度：0.5~5mV，最大允许误差 ±2%
电气安全分析仪	电压测量 　分辨率：0.1V 　准确度：直流，100Hz，读数值的 ±2% ±1 个字
	电阻检测 　分辨率：1 mΩ 　准确度：读数值的 ±2% ±10 个字
	漏电流检测 　分辨率：1 μA 　准确度：直流，100Hz，读数值的 ±1% ±1 个字 　100kHz~1MHz，读数值的 ±5% ±1 个字
分规	量程范围：（0~100）mm；最小分度值：0.1mm
刻度尺	量程范围：（0~150）mm；最小分度值：0.5mm

（三）检测方法和要求

1. 外观及工作正常性检查

外观及工作正常性检查应符合通用要求。

2. 检测前准备工作

检测装置与被检心电图机按要求进行预热。

3. 心电图机电气安全性检测

4. 心电图机性能检测

（1）检测装置和被检心电图机连接。

将心电图机的导联与信号发生器相应的接线柱连接，要求良好接触和可靠接地，以免引入干扰；心电图机灵敏度置 10mm/mV，记录速度置 25mm/s。

（2）正常窦性心律测量误差。

（3）正弦波测量性能检测。

（4）R 波测量性能检测。

（5）异常 ECG 波形识别能力检测。

第五章　多参数健康检查仪
（全科医生工作站）PHP－102

第一节　概述

一、产品的特点和预期用途

由深圳先进技术研究院开发生产的多参数健康检查仪（全科医生工作站）PHP－102 是一套集医疗信息化和临床检查于一体的便携式医疗终端，集成的检查功能包括 12 导心电图、11 项尿常规、无创血压、脉率、脉搏血氧等功能，设备轻巧便携，是以低成本、多功能、高新技术集成的检查设备，适用于农村卫生室、社区卫生服务中心（站）、乡镇卫生院等基层医疗卫生机构。

设备系统内集成基础医疗、辅助检查、公共卫生管理服务三大信息处理模块，可在设备上完成包括健康档案、公共卫生随访、慢性病管理等服务项目，通过对接当地基层医疗信息化系统，可实现基层医疗信息化管理。

电源开关 POWER 位于正面板右侧，传感器插孔位于设备前面板底座上，尿液常规检测位于右侧，其他插孔和电源插座位于两侧面板上。

PHP－102 多参数健康检查仪是一种多参数监测综合生理指标的检查仪，实时同步记录显示心电（ECG）、无创血压（NIBP）、脉搏血氧（SpO_2）、脉率、尿常规等变化及其相互关系，进而可以综合判断患者生理、病理等情况。多参数健康检查仪适用于各基层医疗机构等需要使用检查仪器的地方。

二、产品的适用范围

PHP－102 多参数健康检查仪与尿液试纸配套，供成人在健康检查中进行心电（ECG）、无创血压（NIBP）、脉搏血氧（SpO_2）、脉率（pulse）及尿常规等检测。

第二节　主机工作原理

一、组成

PHP－102多参数健康检查仪主要由主板、显示屏、心电导联线、血压袖带、脉搏血氧探头、心电模块、血压模块、尿常规模块、脉搏血氧模块、电源模块及机壳等组成，如图5－1所示。

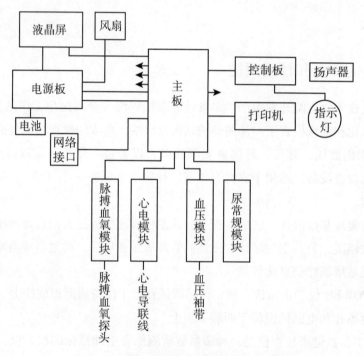

图5－1　PHP－102多参数健康检查仪组成

二、结构

（1）检查仪由主机和相应的功能附件（心电导联线、血压袖带、脉搏血氧探头等）组成。

（2）检查仪的检测通道：心电、无创血压、脉搏血氧、尿常规。

（3）检查仪的输出通道：联网通信。

（4）基本参数：心电、无创血压（收缩压、平均压和舒张压）、脉率、脉搏血氧、尿常规。

三、工作原理

PHP - 102 多参数健康检查仪是模块化设计的产品，它通过各种模块实现测量生命参数的功能，模块包括心电模块、血压模块、脉搏血氧模块、尿常规模块、电源模块等。

（1）通过心电导联线同时采集心电波形。

（2）通过血压袖带采集人的脉率、收缩压、舒张压、平均压的数据。

（3）通过脉搏血氧探头同时采集脉率、脉搏血氧两参数的数据及脉搏氧容积波。

第三节　安装和操作方法

一、面板介绍

（一）前面板

多参数健康检查仪由信息终端和信号采集基座组成，上方是信息终端，下方是信号采集基座。信息终端实现功能设置、切换和数据交互等信息交互功能；信号采集基座有电缆、探头插孔，通过连接采集电缆完成生理信息的采集。图 5 - 2 为检查仪前面板视图。

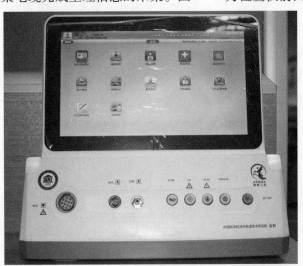

图 5 - 2　检查仪前面板

1. 前面板上有下述插孔，如图 5 - 3 所示

（1）无创血压测量的血压袖带连接座。

（2）ECG。

（3）SpO₂心电导联线插座。

（4）脉搏血氧探头插座。

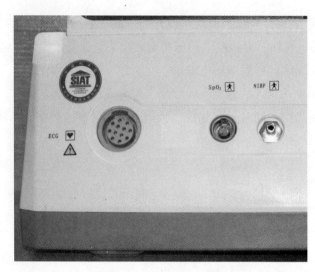

图 5－3　前面板上的插孔

此标记说明此应用部件属 BF 型。

此标记说明此应用部件属 CF 型。

2. 前面板上有下述快捷功能按键，如图 5－4 所示

（1）基座电源按钮（ON/OFF）：长按即可实现信号采集基座的电源打开和关闭。

（2）NIBP：实现血压检测。

（3）UA：实现尿液分析检测。

（4）STOP：实现尿液分析紧急停止。

（5）FREEZE：实现波形冻结。

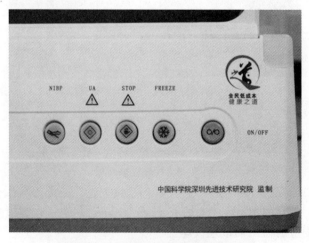

图 5－4　前面板上的快捷功能按键

（二）左侧面板

检查仪左侧面板为 7 个 USB 接口，分为通用 USB 接口和专用 USB 接口两种，如图 5 - 5 所示。

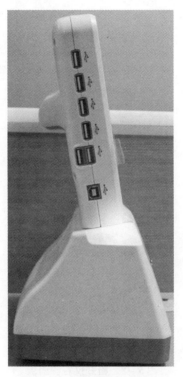

图 5 - 5 检查仪左侧面板

（1）通用 USB 接口，如图 5 - 6 所示，可以插入 USB 通用设备，如：键盘、鼠标、U 盘、打印设备等。

（2）专用 USB 接口，如图 5 - 7 所示，为系统预留接口，用户无须使用。

图 5 - 6 通用 USB 接口

图 5 - 7 专用 USB 接口

（三）右侧面板

检查仪右侧面板有设备维护专用数据通信口、RJ45 网络接口、SIM 卡接口、尿检检测部分和电源插孔，如图 5 - 8 所示。

图 5 - 8　检查仪右侧面板

（1）电源插孔，如图 5 - 9 所示，插入电源后可以实现对检查仪供电。注意：必须使用检查仪所配套的电源适配器。

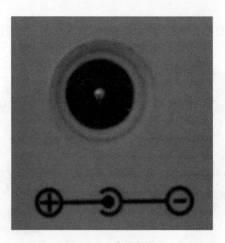

图 5 - 9　电源插孔

⚠ 此标记表明需要注意。

（2）尿液检测口，如图 5－10 所示，启动尿液检测后，试纸条架将会从尿液检测口伸出。

图 5－10　尿液检测口

为生物危害标志。

（3）设备维护专用数据通信口，如图 5－11 所示，是出厂检测人员和设备维护人员专用的通信端口。

（4）RJ45 网络接口，如图 5－12 所示，支持互联网功能。

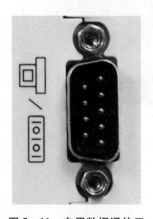

图 5－11　专用数据通信口

图 5－12　网络接口

（5）SIM 卡接口，如图 5－13 所示，支持 SIM 卡使用。

图 5－13　SIM 卡接口

图 5－14　通风口

（6）散热通风口，如图 5 - 14 所示，通风口不可以堵住，堵住会散热不良，有可能导致死机现象出现。

（四）后侧面板

检查仪的后侧面板包括提手、通风槽、散热槽等，在使用时不可以挡住通风槽、散热槽，以免散热不良导致死机现象出现。后侧面板如图 5 - 15 所示。

图 5 - 15　后侧面板

二、安装

（一）开箱并检查

打开包装箱，从中取出检查仪和附件，将检查仪放置或安装在安全、稳定并且易于观察的位置上。

（1）打开随机文件，对照装箱单清点附件。

（2）检查是否有机械性损坏。

（3）检查全部外露导线，插入部分附件。

（4）如果有问题请与销售商或公司联系。

（二）连接传感器和配件

打开外箱后将各个配件与主机连接好，USB 接口可以接键盘、鼠标等。心电导联线、血压袖带、血氧探头、电源适配器连接和说明见相关小节介绍。

（三）连接电源

1. 连接电源适配器

（1）确定电源适配器输入电源符合以下规格：AC220V/50Hz。

（2）使用随检查仪配备的电源适配器。将电源适配器插入检查仪电源接口，将电源适配器的另一端插入电源插座。

2. 内置充电电池

（1）健康检查仪配备了内置充电电池。当接入电源适配器后，电池会自动充电，直到充满为止。从耗尽状态充电到90%电量的充电时间约为4小时。

（2）当用电池进行供电工作时，检查仪会在电量不足时自动断电。

⚠ 注意：在有电池配置时，仪器经过运输或存放后，必须给电池充电。不连接电源适配器而直接开机，可能会因为电池电力不足，而使仪器无法正常工作。电量指示位于开机状态的显示屏右下角，点击可显示电池电量百分比，低电量不影响设备性能。接通电源适配器，无论检查仪是否打开都可以给电池充电。

（四）开机

先把信号采集基座的心电导联线、血压测量袖带连接好，再把鼠标、键盘连接好，按住信号采集基座电源开关键3秒，系统会进入检查仪软件界面，如图5-16所示。

图5-16　开机软件界面

⚠ 注意：

（1）在自检过程中如果发现致命错误，系统将会报警；

（2）检查可以使用的所有检查功能，确保检查仪功能正常；

（3）如果配置有电池，那么每次使用完后必须对电池充电，确保有足够的电量储备；

（4）关机半分钟后才能再次开机。

警告：

如果发现检查仪功能有损坏的迹象，或有出错提示出现，则不要使用此检查仪监护或检查患者，请与销售商联系，并请与医院的生物医学工程师或维修工程师联系。

三、连接

（一）心电连接

检查仪通过与心电导联线连接的电极与人体连接，进行心电信号的采集。因此，电极在患者身体上的位置是很重要的。电极连接包括胸导联接法和肢体导联接法，分别如图 5 – 17 和图 5 – 18 所示，导联电极符号说明见表 5 – 1（表 5 – 1 分别列出了欧洲及美国标准中的导联名称及导联线颜色，在欧洲标准中用 R、L、N、F、C 表示各导联，而在美国标准中则用 RA、LA、RL、LL、V 表示）。

1. 胸导联接法

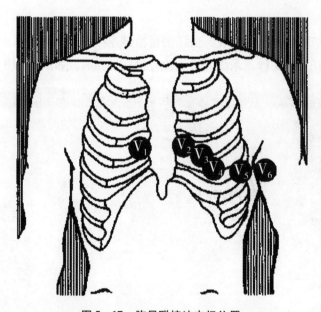

图 5 – 17　胸导联接法电极位置

V_1（C_1）：右胸骨旁第四肋间（男性乳头水平）；V_2（C_2）：左胸骨旁第四肋间（男性乳头水平）；V_4（C_4）：左第五肋间与左锁骨中线交汇点（男性左乳头下）；V_3（C_3）：位于 V_2 与 V_4 连线中点；V_5（C_5）：左第五肋间与腋前线交汇处；V_6（C_6）：左第五肋间与腋中线交汇处。

2. 肢体导联接法

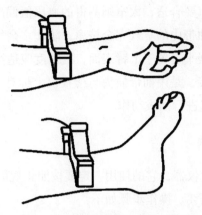

图 5 - 18　肢体导联接法电极位置

LA（L）：左手；RA（R）：右手；LL（F）：左脚；RL（N）：右脚。

表 5 - 1　欧洲及美国标准中的导联名称

美国		欧洲	
导联名称	颜色	导联名称	颜色
RA	白色	R	红色
LA	黑色	L	黄色
LL	红色	F	绿色
RL	绿色	N	黑色
V	棕色	C	白色

⚠ 注意：

（1）患者在使用过程中，如出现皮肤过敏、刺激现象，应及时停止使用。

（2）皮肤有炎症或溃烂的患者禁止使用。

（3）胸电极间不可相互短路。

（4）括号内的导联名称为欧洲标准中命名的。

（二）血压袖带连接

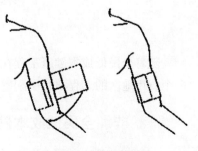

首先选择合适尺寸的袖带，必须根据受试者不同年龄选择大小适宜的袖带，袖带的宽度要达到被测者上臂长度的 2/3。袖带可充气部分长度应足够环绕肢体的 50% ~ 80%，佩戴位置如图 5 - 19 所示。

图 5 - 19　袖带佩戴位置

⚠ 注意：

（1）测量血压时袖带宽窄要合适，太窄则测得的血压值偏高；反之，则偏低。

（2）使用袖带前，要将袖带内的空气完全挤净，防止多余气体使测量不准确。

（3）配戴袖带时，将其展平裹覆于上臂表面，松紧度应适当。

（4）袖带与检查仪的连接，是用袖带插头与检查仪上标有"NIBP"的插座对应连接的。插拔时，请用手捏住插头前部进行插拔动作。

（三）脉搏血氧探头连接

脉搏血氧探头是精密测量仪器，它的使用一定要按照正规的方法和步骤进行。如果操作方法不对，将可能造成探头损坏。操作步骤如下：

（1）将脉搏血氧探头的插头与检查仪底座对应的"SpO_2"插座相连接。插拔时，请用手捏住插头前部进行插拔动作。

（2）将被测人的食指或中指或无名指插入探头内，如图 5 - 20 所示。

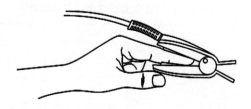

图 5 - 20 脉搏血氧探头与手指位置

⚠ 注意：

① 电缆线不要打折、扭曲。

② 被测人的手指甲不能涂抹指甲油等化妆品。

③ 被测人的手指甲不能太长。

以上几点都会造成脉搏血氧探头测量脉搏血氧时，测量不准确或者测量不到脉搏血氧的值。

第四节 示范工程介绍

随着全民低成本健康工程在全国范围内逐步推广，多参数健康检查仪已陆续在全国 20多个省市地区的工程项目中配置。成功实施的项目如下。

一、非洲全民低成本健康工程

为加强和支持民生科技领域的中非合作，科技部启动"非洲民生科技行动"，由中科院提供技术支撑，该行动全名为：非洲援建"全科模块化箱房诊所"，项目总金额2000万元，为非洲50个国家进行医疗援助。2012年已和深圳先进技术研究院签署设备销售合同、箱房委托设计生产合同。目前箱房样板已完成，另外和沈阳医科大学合作确定非洲留学生培训事宜，培训工作已全部完成。

二、内蒙古流动服务卫生工作站项目

前期与内蒙古卫生厅洽谈并达成合作意向，卫生厅要求在出诊包的基础上修改并添加部分功能，以适合流动卫生工作需求，合计166套参数健康检查仪。二期项目于2012年12月中旬完成招标，2013年年初完成实施。

三、深圳市社区卫生中心设备配置项目

和深圳市卫计委达成合作意向，采购多参数健康检查仪，项目方案经由深圳市委市政府审批，于2012年12月上旬完成招投标事宜，为深圳社区健康服务中心配置611套便携式全科医生工作站，项目已和相关部门签署合同，2013年4月中旬完成实施。

四、内蒙古鄂尔多斯

鄂尔多斯卫生局发布了关于低成本健康工程在全市推广的通知，计划实施150家村卫生室设备部署。项目一期已于2012年7月初完成50套设备招标，一期项目已安装并培训完毕，并成功验收。

五、甘肃省兰州市城关区二期项目

一期项目48套设备部署已于2011年年底完成，二期项目于2012年12月25日完成招标事宜，项目采购19台多功能健康检查床，48套多参数健康检查仪，2013年3月底完成项目实施。

六、内蒙古小药箱工程

由内蒙古卫生厅牵头的全自治区小药箱工程，覆盖内蒙古21个苏木卫生院，为牧区人民提供420个小药箱，由全民低成本健康工程为其提供技术方案，项目已全面实施，设备的销售安装及培训工作已完成，近期在准备验收工作。项目后期经和卫生部门的多次沟通已经达成了初步的全面推广方案，试点项目小药箱工程于2012年8月份迎来卫生部长陈竺、内蒙古卫生厅厅长毕力夫等领导的视察，项目得到领导的肯定，目前在内蒙古牧区全面推广。

第六章 便携式农村康复医疗仪器

第一节 便携式经皮电刺激止痛仪

便携式经皮电刺激止痛仪是在传统的经皮神经电刺激疗法（transcuataneous electrical nerve stimulation，简称 TENS）基础上研发的一种便携式仪器。该仪器通过皮肤将特定的低频脉冲电流输入人体以达到治疗疼痛的目的。TENS 是一种电气疗法，是藉由适当强度频率的电流，连续、轻柔地刺激神经、肌肉和细胞，激发身体自然产生吗啡，阻断、舒缓疼痛的信息。因为它使用的是电气，所以也被归类为"自然疗法"。

疼痛是几乎每个人都经历过的极不舒服的感觉体验。根据流行病学的调查，各种生理和病理疼痛患者约占全国人口的27%。目前对于疼痛临床上主要采取以下方法进行治疗：口服药物镇痛；注射药物镇痛；手术切断神经；热敷理疗；激光、放射治疗。由于部分患者对药物具有过敏反应而不能使用某些药物镇痛；另外，使用口服和注射药物均会对人体正常组织造成一定的损伤；如果长期使用会造成对药物的依赖，对人体的危害性更大。采用手术切断神经的方法镇痛，虽然可以获得良好的镇痛效果，但是此方法容易造成不良的并发症。热敷理疗镇痛方法简单，但是使用不方便，而且对于深层组织的疼痛和创口产生的疼痛基本无能为力。使用激光、放射治疗虽然可以达到一定的镇痛效果，但是不可避免会造成周围正常组织的损伤。以上各种镇痛方法虽然各有一定的疗效，但是都需要专业人员指导操作，费用较高，限制条件较多及不良反应明显，因此 TENS 疗法应运而生。

一、止痛原理及仪器组成

（一）TENS 止痛的基本原理

TENS 疗法与传统的神经刺激疗法的区别在于：传统的电刺激，主要是刺激运动纤维；而 TENS 则是刺激感觉纤维。虽然经皮电刺激止痛疗法在临床上被验证非常有效，并得到了广泛应用，但其原理并未完全被阐明，主要有下面几种假说。

1. 闸门控制假说

认为 TENS 是一种兴奋粗纤维的刺激，粗纤维的兴奋，关闭了疼痛传入的闸门，从而缓解了疼痛症状。电生理实验证明，频率100Hz左右，波宽0.1ms的方波，是兴奋粗纤维较适宜的刺激。

2. 内源性吗啡样物质释放假说

一定的低频脉冲电流刺激，可能激活了脑内的内源性吗啡多肽能神经元，引起内源性吗啡样多肽释放而产生镇痛效果。有人实验证明，将面积为24cm²的极板置于右腿中1/3外侧面，用方波、宽度0.2ms、频率40～60Hz、电流强度40～80mA的脉冲电流刺激20～45分钟，脑脊液内β-内啡呔含量显著增高。假说认为由于电刺激而释放的内啡呔进入脑脊液，从而导致疼痛一时性显著缓解。

3. 促进局部血液循环

TENS除镇痛外，对局部血液循环，也有促进作用，治疗后局部皮温上升1～2.5℃。

（二）TENS止痛仪的系统组成

1. 按键电路

MODE按键、STOP按键、"＋"键、"－"键都连接到按键电路上。按键电路为外部设定电路，其设定信号将传至单片机中，经单片机处理后产生控制信号，控制可变电压高压电路输出电压的高低，同时也控制双相输出控制电路输出电压的宽度和频率；可变电压高压电路输出的电压输送到双向输出控制电路中；双向输出控制电路则将调整好的双相电压输入到自粘电极中。

2. 可变电压高压电路

可变电压高压产生电路是由晶体管、感应线圈、二极管、保护电阻和滤波电容经电气连接构成。其中晶体管通过单片机控制其导通、截止的频率来控制感应线圈产生高压脉冲的大小，再由二极管整流成直流电压，然后滤波电容进行平滑滤波，形成稳定电压。

3. 双相输出控制电路

双相输出控制电路是由晶体管、保护电阻和保护电容经电气连接构成。所述的晶体管连接成桥式逆变电路，后经单片机控制同样由晶体管形成的逆变控制电路，控制逆变电路的通放，形成输出为正负变化的电压。

二、操作方法

（一）仪器设备

便携式经皮电刺激止痛仪如图6-1所示。

图 6 - 1　便携式经皮电刺激止痛仪

（二）电极的放置

（1）放于特殊点即触发点，如有关穴位和运动点。这些特殊点的皮肤电阻低，对中枢神经系统有高密度输入，因此是放置电极的有效部位。

常见的疼痛治疗与穴位对应如下。

急性疼痛：

① 软组织或关节急性扭伤、损伤所致的肿痛。

腰部——疼痛点、肾俞、腰眼、委中。

踝部——疼痛点、申脉、丘墟、解溪。

膝部——疼痛点、膝眼、膝阳关、梁丘。

肩部——疼痛点、肩髃、肩髎、肩贞。

肘部——疼痛点、曲池、小海、天井。

腕部——疼痛点、阳谷、阳池、阳溪。

髋部——疼痛点、环跳、秩边、承扶。

② 痛经：三阴交、中极、次髎、足三里、气海。

③ 牙痛：合谷、颊车、下关。

④ 落枕：疼痛点、外劳宫、肩井。

慢性疼痛：

① 头痛：列缺、头维、风池。

② 颈椎病：疼痛点、风池、天柱、肩井、后溪、合谷、外关。

③ 肩周炎：疼痛点、肩髃、肩髎、肩贞、肩前。

④ 坐骨神经痛：环跳、委中、阳陵泉、悬钟、丘墟。

⑤ 三叉神经痛：下关、合谷、风池。

⑥ 腰痛：疼痛点、大肠俞、委中。

⑦ 胃痛：足三里、内关、中脘。

⑧ 腹痛：足三里、中脘、天枢、三阴交、太冲。

（2）放在病灶同节段上，因为电刺激可引起同节段的内啡肽释放而镇痛。

（3）放于颈上神经节（乳突下 C_2 横突两侧）或使电流通过颅部，均可达到较好的镇痛效果。

两个电极或两组电极的放置方向有：并置、对置、近端 – 远端并置、交叉、V 形等。

（三）参数的选择

目前将 TENS 分为三种治疗方式：常规型（conventional TENS）、类针刺型（acupuncture like TENS）、短暂强刺激型（brief intense TENS），各种方式的治疗参数见表 6 – 1。

表 6 – 1　TENS 的三种治疗方式

方式	强度	脉冲频率（Hz）	脉冲宽度（ms）	适应证
常规 TENS	舒适的麻颤感	75 ~ 100	< 0.2	急慢性疼痛、短期止痛
类针刺型 TENS	运动阈上，一般为感觉阈的 2 ~ 4 倍	1 ~ 4	0.2 ~ 0.3	急、慢性疼痛；周围循环障碍；长期止痛
短暂强刺激型 TENS	肌肉强直或痉挛样收缩	150	> 0.3	用于小手术、致痛性操作过程中加强镇痛效果

最常用的是常规型，治疗时间长，从每天 30 ~ 60min 至持续 36 ~ 48h 不等。类针刺型能同时兴奋感觉神经和运动神经，电极不一定要放在穴位上。治疗时间一般为 45min，根据受刺激的肌肉的疲劳情况决定。短暂强刺激方式的电流很大，肌肉易疲劳，一般每刺激 15min 左右休息几分钟。一般每日治疗 1 次，有些病痛需每日多次治疗。对慢性病需长期治疗者可让患者购买仪器在医生指导下在家里治疗，但应定期接受医生复诊。

（四）操作说明

患者采取舒适体位，治疗前应告诉患者正常的感觉（舒适的麻刺感、震颤感）。打开开关，蜂鸣器鸣叫一声，LED 指示灯亮，表示处于正常工作状态模式 1。如果按 MODE 键，LED 指示灯以大约 2.5Hz 的频率闪烁，说明处于正常工作状态模式 2。工作状态模式 1 主要针对关节、腰部和浅表组织创口等的疼痛；工作状态模式 2 针对深层创口、肌肉深部和内脏组织的疼痛。无论是工作状态模式 1 还是工作状态模式 2，按 " + " 键输出强度增加一级，最高为 19 级。连接按 " + " 键，输出强度达到 19 级后将不再增加。按 " – " 键输出强度减少一级，最低为 0 级。连续按 " – " 键，输出强度降低到 0 级后将不再减少。如果需要暂停使用，按"STOP"键即可暂停使用，LED 指示灯以大约 5 Hz 的频率闪烁（或蜂鸣器断续鸣叫），表明其处于暂停状态。处于暂停状态时，按"STOP"键即可恢复使用。正常情况下，按任何一键蜂鸣器都鸣叫一声，表明接受操作。

（五）影响疗效的因素

电极置于痛点、运动点、扳机点、穴位上的疗效比置于其他位置好。电流强度应逐渐加大至耐受量。以痛点放置效果为最好，支配痛区的末梢神经刺激效果次之，放置于相应的脊髓节段、与疼痛无关的部位效果最差。治疗前用止痛药时效果也较差。

（六）不良反应

TENS 治疗的不良反应很少。有些不良反应是由于操作不当引起的。最多见的不良反应是皮肤刺激反应，这与其他低频电流法相似；其次是过敏反应，由患者对电极材料、导电胶甚至电极固定带过敏所致；再次是有些长期治疗的患者，对 TENS 产生依赖性，焦虑。偶尔可能出现皮肤烧灼现象，这是由于电极与皮肤接触不良、电流过大产生的电热烧伤。

（七）禁忌证

（1）带有心脏起搏器者严禁使用。特别是按需型起搏器更应注意，因为 TENS 的电流容易干扰起搏器的步调。

（2）严禁刺激颈动脉窦。

（3）不要将电极置入体腔或置于颅脑。

（4）有认知障碍者不得自己治疗。

（5）局部感觉缺失和对电过敏患者禁用。

（6）孕妇的腹部和腰骶部需小心使用。

第二节　便携式跌倒检测仪

一、跌倒检测的必要性与意义

跌倒是人们日常生活中经常发生的现象，在人的一生中，从年幼无知的孩提时代到垂垂暮年，人们往往会经历许多不同形式的跌倒。对于年轻人来说，偶然的跌倒可能不会造成什么伤害；但是对于老年人或体弱多病者来说，跌倒可能会造成不可挽回的损失和危害，这部分人群一方面易于发生跌倒，另一方面，这部分人群的跌倒有可能造成严重的伤害。

（一）跌倒造成的危害

随着社会和经济的快速发展，我国人口的预期寿命逐年提高，由此导致社会老龄化问题的出现与日趋严重。据统计，我国自 2000 年起，60 岁以上的老年人已超过人口总数的 10%。研究结果预计，到 2025 年老年人口将占人口总数的 19.2%，我国将进入严重老龄化社会。在现代社会中，跌倒已成为威胁老年人生命健康的一大因素。总结起来，跌倒的危害可以概括为以下三个方面。首先，跌倒是导致老年人直接死亡和间接伤病死亡的重要风险因素之一。其次，跌倒还会造成人体的功能削弱、脑部损伤、骨折和脱臼等创伤性伤病和残疾等严重后果。第三，跌倒后住院和跌倒致死发生率非常高，除了高昂的医疗费用，跌倒创伤的治疗和康复也需要很长的时间。因此，跌倒所带来的伤害、疾病将成为影响老年人健康生活，造成社会负担的一大问题。

（二）跌倒检测与预警的意义

世界上每年都有许多老年人因意外跌倒而造成伤害，甚至诱发其他严重伤病而造成死亡。故对老年人意外跌倒及时、可靠地检测与预警，并进一步将跌倒信息及时传递给亲属和医疗机构，对于保障老年人的健康生活具有极其重要的意义。及时、准确和可靠地检测跌倒，并在跌倒发生时及时发出预警和采取保护与救治措施，可以较大程度地降低跌倒造成的伤害。因此，跌倒检测和预警技术的研究具有重要的社会意义，已经成为康复、保健领域新兴和重要的研究方向。

二、基本原理

（一）人体轴和面的定义

由图 6 - 2 可见，人体可以由三维坐标系来表示。坐标系中的三个轴分别定义为冠状轴（图中水平方向从右向左的轴，命名为 X 轴）、矢状轴（图中水平方向从前向后的轴）和垂直轴（图中竖直方向从上到下的轴，命名为 Y 轴）。对应地，图中还给出了三个面，即水平面、冠状面和矢状面。

定义人体站立时的状态为人体的基本状态。此时，以人体站立的水平地面为基准面，冠状轴与矢状轴平行于基准面，垂直轴垂直于基准面；另一方面，水平面与基准面平行，冠状面与矢状面均垂直于基准面。

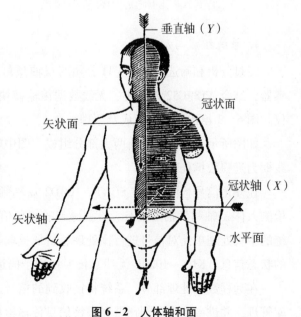

图 6 - 2　人体轴和面

（二）跌倒检测的基本方案

1. 跌倒与人体轴、面的关系

人体发生跌倒的过程，实际上是人体各个轴与面相对于基本面的相对关系发生变化的过程。例如，人体的垂直轴将随着跌倒过程的进行，由垂直于基准面的基本状态逐渐变化到平行于（或基本平行于）基准面的跌倒状态。在跌倒发生的过程中，人体的冠状轴与矢状轴相对于基准面的关系也发生相应的变化。人体水平面、冠状面和矢状面相对于基准面的空间位置关系也发生了相应的变化。

2. 双轴倾角传感器及与人体姿态的对应关系

双轴倾角传感器是一种可以独立检测正交的双轴倾斜角度的传感器，具有检测范围宽、灵敏度较高、响应速度快等优点。选择双轴倾角传感器作为人体跌倒检测仪的传感器，实际上是利用该传感器检测人体在跌倒过程中所发生的，各轴（或面）相对于基准面所发生的倾斜程度实现的。当这种倾斜达到一定程度时，则可以判定跌倒即将发生或已经发生。

3. 跌倒检测的基本方案

在进行跌倒检测时，通常将双轴倾角传感器的 X 轴和 Y 轴，分别对应于人体的冠状轴和垂直轴，将倾角传感器固定在人体腰部位置，分别检测 X 轴和 Y 轴相对于基准面的倾斜程度。采用数字信号处理技术对获得的倾角信号进行噪声去除和基线校正等预处理，采用模式识别技术提取信号中反映人体姿态变化的特征，并经过分类识别算法判定人体处于何种姿态，对于即将跌倒的状态进行预警，对于已经跌倒的状态进行报警并启动信息传递程序。

（三）便携式跌倒检测仪的基本原理

1. 系统组成与原理

经过分析和筛选，选择 VTI 公司的双轴倾角传感器 SCAT – 100D2 作为人体姿态检测传感器，结合 AT89C52 单片机、无线数据传输模块和数字液晶显示器等设计便携式跌倒检测仪。图 6 – 3 给出了系统组成及原理。

如图所示，整个仪器由两大部分组成。图中左边虚线框内为倾角信号检测部分，右边虚线框为远程数据处理部分。

在倾角信号检测部分，SCAT – 100D2 双轴倾角传感器作为人体姿态的检测部件，用于检测人体 X 轴和 Y 轴的状态。检测得到的倾角信号送入 AT89C52 单片机，该单片机作为系统的中央处理单元对信号进行预处理、特征提取与分析识别。8 位液晶显示器用于显示系统的状态信息。KLY – 1020U 无线数传模块用于向远程数据处理部分进行无线数据传输。

在远程数据处理部分，系统将接收到的信号进行进一步分析处理，对相关信息进行数据库管理，并进一步将跌倒预警和报警信息传输给相关人员或医疗机构。

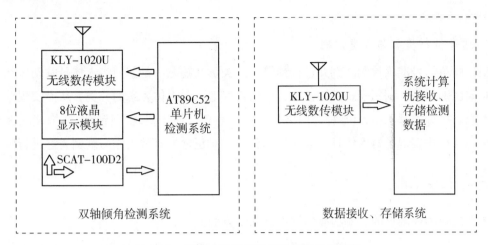

图 6－3　便携式跌倒检测仪系统组成与原理

2. 双轴倾角传感器

SACT－100D2 双轴倾角传感器是基于 3D－MEMS 技术的双轴角度传感器的，具有以下特点：（1）正交双轴倾角独立测量；（2）每轴 ±90°的测量范围；（3）0.0025°精度（模拟输出）；（4）高抗震性能，可达 20000g；（5）使用温度范围：（－40）~（＋125）℃；（6）单 DC 5V 供电；（7）双路独立模拟输出；（8）串行接口（serial peripheral interface，SPI）输出。

SCAT－100D2 将倾角传感器、校正电路、温度补偿电路、自测电路和 SPI 接口电路集成一体的专用测量 IC 电路。其基本工作原理为：倾角传感器获取当前的倾角状态，经过集成于片内的信号处理和滤波电路处理后输出模拟电压信号。同时将倾角的模拟信号经过片内的模数转换器转变成数字信号，转换后的数字信号可以通过 SPI 接口电路输出。

另一方面，由于半导体器件的特性会随温度变化，为修正温度变化带来的不利影响，集成于片内的温度传感器获取当前芯片所在环境的温度，通过已存储于传感器 EEPROM 中的修正，补偿函数对获得的倾角数据进行相应的温度补偿，从而得到倾角测量的更准确数值。

SCAT－100D2 双轴倾角传感器的理论输出特性为：在处于基准 0°倾角时，模拟输出电压的幅度为电源电压的 1/2；当倾角为 －90°时，输出电压为 0V；当倾角为 90°时，输出电压为电源电压值。

3. 单片机

便携式跌倒检测仪的中央处理器选用 AT89C52 单片机，负责控制检测仪各个部分的协同工作，处理由倾角传感器检测到的倾角数据，实时进行是否处于即将跌倒或已经跌倒的判断，并将相关信息传送给远程系统。

4. 信号预处理

由于人体运动和其他因素的影响，双轴倾角传感器获取的人体倾角信号往往伴有较为严重的干扰噪声。这些干扰噪声的存在，对于后续依据信号进行特征提取与分类识别有较为严重的负面影响，必须在信号的预处理环节对检测到的倾角信号进行处理，消除或削弱干扰噪声的影响。

5. 信号特征提取与分类识别

根据倾角信号准确检测跌倒并进行预警，其关键问题之一是如何将人体日常动作状态与跌倒倾向区别开来。利用模式识别技术，可以较好地实现人体姿态的分类，从而实现跌倒检测与预警。在分类算法中，BP 神经网络具有算法简单、便于实现等特点，便携式跌倒检测仪即采用此算法实现了对人体日常动作的粗分类，对正常的日常动作与跌倒姿态进行区分。

三、主要功能

便携式跌倒检测仪的主要功能包括以下几个方面。

（一）跌倒倾向预警和跌倒状态报警

便携式跌倒检测仪的主要功能是对各类跌倒进行检测报警，并对即将发生的跌倒进行预警。经过反复实验验证表明，便携式跌倒检测仪对于以下不同的跌倒类型，能较为准确地进行预警和报警。

（1）前向跌倒：这种跌倒可能在正常步行或跑步过程中发生。

（2）后向跌倒：这种跌倒可能在后退时发生。

（3）侧向跌倒：这种跌倒可能在站立或行走时发生。

（4）无意识跌倒：这种跌倒往往由昏厥造成，跌倒发生时，当事人往往意识不清，极易造成严重伤害。

（二）区分人体的各种日常状态

除了对人体的跌倒状态进行检测、报警之外，便携式跌倒检测仪还可以对人体日常的正常姿态与动作做出识别判断。这些正常的人体姿态与动作包括：前向步行、前向跑步、上下楼梯、转身、由站立到坐下、由站立到蹲下、由站立到躺下和弯腰等。

正确判断人体各种日常状态，对于确认仪器使用者是否处于正常状态具有重要意义。

（三）跌倒倾向的预警

便携式跌倒检测仪可以实现跌倒倾向的预警，并为保护设备的启动提供了 50ms 的准备时间。

四、操作方法

使用便携式跌倒检测仪时，使用者可将仪器置于腰部位置，也可以放在上衣位于腰部的口袋中，要确保站立时仪器整体处于竖直状态。启动电源开关，仪器自动进入工作状态。若不发生跌倒，仪器不进行报警；一旦跌倒，仪器进行声光报警，并将报警信息进行远程传输。

第三节　便携式心电监护仪

一、基本原理

心电信号是心肌细胞兴奋、收缩过程中电活动的综合，是心脏电生理活动的反映，具有较强的规律性，可以用于对心脏的功能状态的评估和检测。采集记录心电信号的方法称为心电图学，是临床心电学、心电生理学的基础。基于心电信号的诊断技术具有无创性和简便性的优点，心电监护仪在临床上得到了广泛的应用，其提供的关于心脏电生理方面的信息，对心血管等疾病的诊断具有重要的参考价值。

心肌细胞的兴奋收缩会在细胞外侧产生微弱负电流，该电流有向人体各个部位传导的趋势。由于人体不同部位的组织与心脏的距离不同，心脏活动过程中所产生的细胞外综合负电位，在人体体表各部位表现出不同的电位变化，这些电位变化被记录下来形成随时间改变的动态曲线，就是所谓的心电图（electrocardiogram，ECG），也称为体表心电图，如图6-4所示。

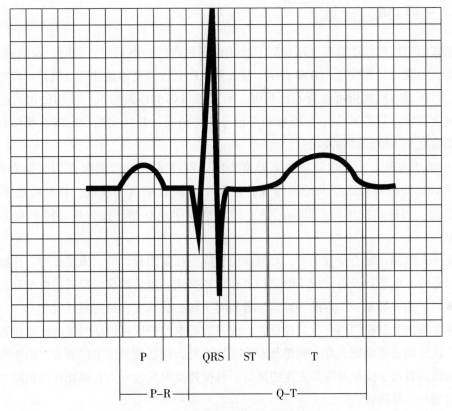

图6-4　正常心电信号在一个周期内的波形

便携式心电监护仪由保护电路、输入滤波、前置放大、二级放大、记录器、分析显示和电源部分组成，如图6-5所示。保护电路用于隔离人体与心电监护仪，使人体免受高压危险，起到对人体保护的作用。输入滤波用于滤除心电频带以外的各种干扰与噪声，提高心电信号的信噪比。前置放大用于将微弱的心电信号进行足够的放大，要求具有良好的抗干扰性能，一般仪表用运算放大器完成。主放大器包括多级电压放大。为了抑制漂移，一般在前置放大与主放大器之间采用具有隔离直流信号的耦合器件。记录器用于记录、存储心电信号。分析显示部分则用于分析心电信号，并将分析结果显示在液晶屏上。

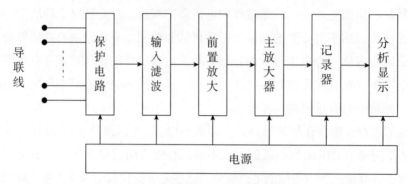

图6-5 便携式心电监护仪原理

二、主要功能

便携式心电监护仪能够在生活状态下长期监测患者的心电信号，随时记录胸痛、胸闷、呼吸困难、心跳等异常变化，方便治疗。过去从发病到医院就诊往往需要较长一段时间，等症状消失后再进行检测很可能查不出病因，延误了最佳的诊断时机。使用便携式心电监护仪，当发生症状时只需紧贴胸口30秒即可记录异常情况，并将实测心电图在就诊时提供给医生，非常有利于辅助就诊及治疗。

24小时动态记录，及时记录心脏异常瞬间。便携式心电监测仪作为医院常规Holter设备的有效延伸和补充，帮助使用者完整记录下心脏长期活动状况，任何心脏不适都将被及时监控。当病症发生后，设备记录下的完整数据经专用软件分析，将非常适合医生初筛病症。

轻便床头监测，贴心全程关护。心脏病患者除了住院治疗以外，康复疗养、家庭病房等都需要合适的心电监护设备完成实时监护工作。便携式心电监护仪，以其简单准确的单导监护、清晰明了的彩屏显示，帮助心脏病患者随时了解心脏状况，避免意外发生。

作为全新的心脏检测与自我监控设备，便携式心电监护仪可以随时随地记录短暂的心脏异常，广泛适用于亚健康人群、病患及专业医护人员。设备测量结果将非常有助于判断临床症状的病因，有益于监控并降低发生中风、心肌梗死及突发性心力衰竭死亡的风险，有效反馈治疗效果和实际药效。

便携式心电监护仪具有鲜明的产品特点。测量更准确，包含详细测量结果和健康指数；除30秒常规测量外，具备24小时动态测量及床边监护功能；彩色屏幕，大容量记忆卡，可以存储上万条数据和长期动态心电；支持手握快速测量，也可以使用导联线精确测量。

三、操作方法

心电监护仪的操作方法如下。

（1）对监护仪的结构、外形、各导线有初步认识。

（2）打开电源开关，连接导联线，注意安全。

（3）根据不同的需求，选择不同的导联方式。

（4）用酒精棉球擦拭电极粘贴位置的皮肤，进行清洁工作。粘贴电极膜，连接导线。五个电极安放方法为：右上（RA）右锁骨中点下缘；右下（RL）右锁骨中线与胸廓下缘交接处；左上（LA）左锁骨中点下缘；左下（LL）左锁骨中线与胸廓下缘交接处。

（5）通过监护仪设定各检测参数。适度调整心电图波形大小，触发心率计数，调整心率报警上下限，选择范围。

（6）请勿做剧烈运动，防止电极脱落、松动。

（7）根据监护仪提示或自身情况，把记录的数据定期或不定期交给专业医疗机构进行分析。

（8）根据医疗机构的医嘱，进行后续的监护。

第四节　便携式呼吸监测仪

一、便携式呼吸监测仪研究的必要性和意义

呼吸是维持机体新陈代谢和功能活动所必需的基本生理过程，一旦呼吸停止，生命也将终止。呼吸道是人体健康的门户，一旦受到病毒的侵害，各种疾病就会接踵而至。如果能对人体呼吸功能及状况进行定期监测，就可及早发现并预防呼吸道、肺部以及心血管等部位的病变，及时了解病情和发展趋势，对症治疗，消除病灶，保持人体的健康和平衡。呼吸过程是一个极其复杂的生理过程，呼吸信息一般很微弱，频率很低，且极易受身体活动及其他因素的影响，所以，如何对呼吸波准确采样、实时再现、功能指标自动计算的难度较大。现今对呼吸功能的检测手段，大多数仍沿用传统的阻抗技术。利用阻抗技术虽然可以直接得到胸阻抗变化量与潮气量之间的相关性，但在实际测试中，由于受心跳动、血流及50Hz工频的干扰，实际记录的波形往往不能真实地反映出呼吸流速和容量的变化关系，使得阻抗测量法

的适应范围受到限制。目前，在市面上的呼吸监测系统一般都比较大，且价格昂贵，携带不便，不利于在日常生活中使用。便携式呼吸监测仪是目前研究的热点，针对特定的人群研发不同的便携式呼吸监测仪。如针对老年人群研发的老年人睡眠呼吸监测仪，该便携式呼吸监测仪可实时监测老年人的呼吸参数，可及时甚至提前预报健康状况以避免悲剧的发生，且利于老年人的携带。便携式呼吸监测仪主要是对人体的呼吸参数进行检测，如呼吸空气的流速、压力、分钟通气量、潮气量等人体生理参数，可为医生诊断呼吸系统疾病，如肺炎、气管炎、哮喘等提供多项检测数据。

最近几年各国研究者更加注重以可靠、准确的检测手段检测呼吸暂停的发生，区分呼吸暂停的类型，以便于临床选择合理的治疗方案。由于呼吸暂停大都发生在睡眠过程中，且需要检测的时间长，所以要求检测的方法方便，患者易接受，判断准确率高。国外医学界对此类疾病的研究十分重视，且已取得重大成果。目前，国内对此类患者的诊断大多采用多导仪或其他呼吸诊断仪器。国外厂家生产的较先进的检测仪，均能在检测患者心脏功能的同时检测其呼吸情况，这对临床有重要的意义。这类仪器有丹麦 DANICA 公司生产的 DIALDGUE 2000 系列检测仪，德国西门子公司生产的 SIRECUST 730 系列检测仪等。检测患者的呼吸参数不需要外接任何换能器，只要给患者安装好心电电极，接好导联线，在检测心电信号的同时，即可由键盘选择检测呼吸参数，屏幕上显示心电信号的同时显示呼吸波形。使用 ECG 电极检测呼吸信号，对 ECG 波形的正常显示和记录没有任何干扰。

家用呼吸监测仪能准确、动态、高效地反映人们的身体状况，当人的睡眠呼吸发生异常时能及时发出报警，所提供的数据也将为医生制定治疗方案提供重要依据。家用呼吸监测仪的医学应用价值很高，其研制和应用具有重要的研究价值和现实意义。在国内外，越来越多的研究者投入到家用呼吸监测仪的研发中。希望在不久的将来，家用呼吸监测仪的技术越来越成熟，应用越来越广泛。

二、主要功能

治疗中，医护人员需要对患者进行监护管理，对患者的体温做定时的测量，以便能够及时了解患者的身体状况，对患者的病情做出相应的判断，为主治医生制定治疗方案提供一定的参考。就目前的情况来看，医院里基本采用人工定时测量的方法，每天护士定时查全病区每个患者的呼吸状况，然后记录、绘出呼吸变化曲线，分析患者在不同时间的呼吸状况，将一些重要的信息汇报给医生。此项工作不仅耗费大量的人力，而且汇总查询分析起来也比较复杂。患者在出现特殊情况时不能得到及时的反馈，从而可能会造成治疗时间的延误。因此，目前这种人工查测患者呼吸的传统方式有待于改进。家用呼吸监测仪记录系统利用先进的计算机技术、单片机技术和信号采集技术对患者的呼吸进行自动检测。系统检测原理：首先是通过呼吸检测系统中的温度传感器采集温度信号；其次是利用信号提取电路提取有效信号；然后是采用信号处理部分将呼吸模拟信号转换为数字信号；最后是通过软件实现计数和显示功能，如果呼吸暂停大于等于 10 秒，警报器发出警报。家用电子呼吸监测仪系统能准确、动态、高效地反映患者的身体状况，为医生制定治疗方案提供重要依据，同时减轻了家人的负担，提高了对患者的护理水平，有效减少医护家人与患者的交叉感染。因此，该系统的研制和应用具有重要的研究价值和现实意义。便携式呼吸监测仪的主要功能是在家庭用呼吸监测仪功能的基础上，监测以呼吸为主的多种生理指标和生态因子，有的监测可以同时显示呼吸速率以及二氧化碳浓度、温度、湿度等 5 项指标来确保监测的准确性。

便携式呼吸监测仪主要通过以下过程进行人体生理参数的提取。

（一）呼吸信号提取电路

在呼吸时，人的胸部、腹部会出现起伏变化，因此，人体的呼吸参数可以通过检测胸、腹部的变化获得，经由信号放大电路、比较电路，即可判断呼吸的情形。

（二）控制输出电路

一旦监测到呼吸障碍连续超过 2.0s，MCU 启动输出控制电路（如控制触点输出），辅助低频脉冲治疗仪开始自助式呼吸恢复治疗。

（三）信息显示电路

可从信息显示界面看到当前的呼吸状态和近两次的呼吸暂停记录，包含发生的时间、呼吸暂停的类型和暂停长度。另外还可以切换到波形显示界面，直观地看到呼吸波形。

（四）数据存储和查询

数据存储器对监测到的呼吸障碍类别（阻塞性或中枢性窒息）、发生时间、持续时间等数据进行存储，保存 3 天的记录。可以查询已经发生的呼吸障碍类别（阻塞性或中枢性窒息）、发生时间、持续时间。

（五）MCU

MCU 把采集的呼吸信号通过 ADC 转换成数字信号，存储并显示。

（六）电源设计

设计采用锂电池或外接电源供电，可以实现自动切换，在电源供电时可以对电池进行充电，同时 MCU 对电池的电压进行监控以保证电池不会过充。电池供电时，液晶屏在 5 秒钟内没任何操作，即关闭显示电源，可达到省电的目的。需要观察数据时，可按操作面板上的按钮唤醒。

（七）软件设计

信息参数测量计的程序如下：在测量时实时监测呼吸状态，一旦监测到有暂停现象发生，就置相应的标志位，当持续的时间超过 3s 后就自动中断，记录下暂停发生的时间，当恢复到正常呼吸状态时，记录下暂停持续的时间。处理完成后的信息参数资料存放在微控制器的缓存器，并通过中文型 LCD 显示所测量到的信息参数。

三、操作方法

睡眠呼吸监测是睡眠状态下对患者中枢神经、呼吸、心血管等多系统变化的观察，以满足睡眠呼吸疾病的临床诊断、疗效评价需要。多导睡眠监测系统（polysomnography，PSG）是睡眠呼吸监测的重要和必需的监测手段，简易的便携式睡眠监测仪也在临床上得到广泛的应用。便携式呼吸监测仪主要是对老年人的睡眠过程进行的呼吸监测，其操作方法如下。

（一）安装电极

标准睡眠分期一般基于 C_4/A_1 或 C_3/A_2 导联记录图来进行。在安装电极部位涂上导电胶，最后用防水胶布固定。安装眼动电极：标准的睡眠监测要求眼电的监测至少使用两个导联。其中一个电极应放置于右眼外眦上外侧 1cm 处，其参考电极置于外耳后方或乳突部。另一个电极应放置于左眼外眦下外侧 1cm 处，其参考电极置于对侧外耳后方或乳突部。安装肌电电极：记录下颌和胫骨前肌的肌电图，电极放置于颌或颌下和胫骨前。

（二）测量口鼻气流

常用的测量方法是口鼻热敏式气流传感器，用胶布将传感器固定于口鼻，根据呼出气温度的变化来决定潮气量的大小和有无呼吸停止。

（三）记录胸腹呼吸运动

压电晶体记录装置为记录呼吸运动最常用的装置，放置在胸、腹带上，能感受胸、腹扩张运动时胸、腹带张力的增加并将其转换成电信号。胸腹带横绑在胸部的乳头水平和腹部的脐水平，松紧适宜。

（四）测量血氧饱和度

脉搏血氧饱和度仪是评估血液中氧合血红蛋白情况的最简便、可靠和无创的方法，只通过指尖即可完成检测。

（五）安装鼾声检测器

鼾声的测定是通过一种小型的麦克风，一般用胶布固定在患者的气管附近，记录鼾声的有无及响度，还可被用来检测患者夜间的磨牙活动。

（六）心电图

一般多导睡眠仪只记录一个导联的 ECG，通常为 I 导联、II 导联或 V_5 导联，因此只能作为心律和心率变化的参考或识别一些基本的 ECG 异常。

（七）开始正式记录

监测过程中时刻观察信号采集情况，并密切观察患者的夜间行为，尤其是呼吸、血氧及心脏情况。出现紧急情况应及时采取抢救措施。

对同时经鼻 CPAP 治疗的患者，最佳 CPAP 值应是可使所有呼吸暂停、低通气、低血氧饱和度及醒觉反应均消失的最低压力。一般每 10 分钟增加一次压力，每次增加 0.098 ～ 0.196kPa（1～2cm H_2O）。每次压力增加后观察患者的睡眠质量（包括有无醒觉反应）、吸气气流、血氧饱和度、有无呼吸暂停、低通气及打鼾，直至最适宜压力。

清晨监测满 7h 后结束记录，测量患者醒后即刻血压，取下患者身上全部记录电极，并擦拭导电胶和取下胶布。系统自动分析处理数据后，回放分析结果，打印监测报告。

睡眠呼吸监测主要适用于：

1. 诊断性睡眠呼吸监测

（1）临床上怀疑为睡眠呼吸暂停综合征者。

（2）临床上其他症状、体征支持患有睡眠呼吸疾病，如夜间哮喘、肺或神经肌肉疾患影响睡眠。

（3）难以解释的白天低氧血症或红细胞增多症。

（4）原因不明的夜间心律失常、夜间心绞痛、清晨高血压。

（5）测患者夜间睡眠时低氧程度，为氧疗提供客观依据。

2. 经鼻 CPAP 压力滴定

第五节 便携式足下垂刺激器

一、基本原理

由于病理原因，患者不能背屈足部，行走时表现出拖拽病足或是将病侧下肢举得较高，落地时总是足尖先触地面，这种症状医学上称为足下垂（Foot drop）。足下垂多由脑中风（最普遍原因）或外伤引起。足下垂症状给患者的生活带来了极大的不便，实现其功能性康复具有重要的意义。

腓总神经控制足部的外翻和下垂运动，胫神经控制足部的内翻和上抬运动。正常状态下，中枢神经系统协调腓总神经和胫神经产生兴奋，完成正常的足部运动。而当胫神经受伤后，中枢神经系统不能很好地控制足部运动，足部常呈现外翻状态，出现"钩状足"畸形。脑中风的后果通常会引起中枢神经系统失去对腓总神经的控制，因而会造成足下垂症状。这种情况下，足下垂患者的腓总神经和相应的肌肉组织功能是完全的，只是因为中枢神经系统的控制信号不能传递到足部，从而造成了患者不能完成行走动作。

功能电刺激（functional electrical stimulation，FES）技术通过刺激合适的神经产生兴奋信号，诱发相应肌肉群收缩，可以实现足部外翻形成抬脚动作，以促进正常行走的完成，因而可以用于足下垂患者的康复。许多科研、技术人员都致力于研究基于 FES 的足下垂康复系统与技术。

目前，足下垂康复的研究主要利用各种传感器检测胯骨、胫骨和足部的状态，将其与足尖抬起时建立联系，然后在合适的时刻实施电刺激以达到辅助行走和康复的目的。这种方法在行走过程中使用，生活中的其他日常动作则需要患者根据具体情况进行手动调节。针对这种情况介绍一种新型的足下垂刺激康复系统：该系统可以自动检测和识别足下垂患者状态，并在判定患者处于行走、上下楼梯时自动开启刺激，辅助患者完成行走动作；而在患者处于其他状态时自动关闭刺激，从而使足下垂刺激康复系统能够自动适应患者的日常生活。

该足下垂刺激康复系统基于双轴倾角传感器实现数据采集，采集患者在多种运动（正常行走、蹲站、上下楼梯和坐站）情况下，胫骨和足尖抬起时刻的关系。系统对获取的信息采用多种方法进行分析、处理，得到相应的时间对应关系，经过不断调整和完善算法，最终确定最优的预测足尖抬起的时刻，进而实现功能完备的"足下垂自适应刺激康复系统"。

具体来说，该足下垂刺激康复系统的实现包括以下几个技术。

（1）使用双轴倾角传感器检测人体运动过程中胫骨、足跟和足尖的状态，并实现相应的数据采集。

（2）使用 Savitzky – Golay 平滑器对采集的胫骨运动倾角数据进行平滑滤波，以便于更好地进行后续的分析和处理。

（3）对平滑处理后的数据用短时傅里叶变换、小波变换进行处理；确定胫骨运动姿态与抬足之间的最佳时间关系。

（4）将得到的胫骨姿态与抬足之间的关系和相应算法通过"验证系统"进行验证，并根据验证结果对算法进行调整。

（5）设计实现足下垂刺激康复系统，能够自动识别人体正常行走、上下楼梯、蹲站和坐站等动作，并实时、准确实施电刺激。

二、主要功能

该足下垂刺激康复系统可以分为三个子系统，即"数据采集系统""验证系统"和"自适应刺激系统"。

"数据采集系统"获取各种日常动作对应的胫骨倾角、足跟和足尖等状态信息,及其相互之间的时间关系。"数据采集系统"使用无线数据传输模块将获得的数据发送到计算机接收、存储。

"验证系统"验证系统中算法的正确性,由运动、状态指示和声光提示组成。其目的是在使用(尤其是初始使用时)过程中通过指示和声光提示来确定算法的准确性和实时性。验证系统保留了无线数据传输模块。

"自适应刺激系统"增加了电源电路、高压产生电路、安全控制电路和键盘控制等,同时取消了验证系统的声音提示,将光指示转为内部指示。自适应刺激系统具有相应的控制功能模块。该子系统同时保留了无线数据传输模块。

（一）数据采集系统

在行走过程中,人的腰骶变化较小且以垂直轴为基准;大腿垂直轴倾角变化相对较小;小腿(胫骨)垂直轴倾角变化较大;而足的姿态变化最为显著。但是,足下垂患者足部的运动特征已经不能反映其行走状态,因而不能作为运动信息的检测位置。由于胫骨运动状态在行走过程中变化明显,故相对适合作为足下垂患者运动状态检测的位置。本文介绍的足下垂刺激康复系统中,数据采集系统的功能就是检测人体胫骨的运动信息。

该数据采集系统是基于双轴倾角传感器 SCAT – 100D2 来实现的。该数据采集系统设计成可以放置在胫骨粗隆处的微型系统,具备检测双轴倾角信号、无线数据传输功能。与该系统实现无线通信的计算机负责接收和存储采集到的数据。数据采集系统使用 ATmega128 作为 CPU,预留 4 个传感器接口位置,以便在实验过程中随时安放检测传感器用于足部运动信息检测。选择 ATmega128 的 P1.0 ~ P1.3 端口作为足底传感器接口。足底传感器用于足底状态的检测,即足跟、足尖离地的时刻,根据足底状态配合胫骨的倾角信息进行分析。设计有蜂鸣器和红、绿两色发光二极管指示灯,起声光提示作用,发光二极管指示灯负责自检指示。设计符合 RS – 232 标准的通信接口,适合直接与计算机或与无线数据传输模块进行数据交换。设计蓝、黄两色发光二极管指示灯来指示数据传输的收 (Rx) 和发 (Tx) 状态。

（二）自适应电刺激

为了减小不良反应,达到无创目的,电刺激系统通常选择经皮神经电刺激 TENS 方法。腓总神经通常隐藏在肌肉组织下面,距离皮肤表面较深。在这样的部位直接采用 TENS 方式会造成局部神经和肌肉组织的同步反应,会使腿部、足部同时运动,使得行走动作剧烈变形,甚至会造成跌倒。同时,肌肉组织在经过反复刺激后会出现令人不舒适的酸胀感觉。腓总神经只有在腘窝处最浅,并迅速分为腓浅神经和腓深神经。因此腘窝是对腓总神经进行经皮电刺激的比较合适的位置,有利于达到刺激的目的,同时产生的附带影响又相对较小。

考虑仪器的几何尺寸和经皮电刺激的位置,足下垂刺激康复系统(包括数据采集系统和经皮电刺激系统）的安放位置可选择在膝关节下胫骨粗隆处。选择膝关节下胫骨粗隆的位置具有以下优点。

（1）在行走过程中，膝关节下胫骨粗隆的位置运动范围较大，可以较好地反映行走的状态；

（2）检测与刺激位置合二为一，便于仪器的安放和患者使用；

（3）仪器的正面在眼睛的正视范围内，便于操作。

如将系统的体积小型化，患者可以方便地佩戴并且不影响穿着，这将有助于降低足下垂患者的心理负担。

人体 TENS 可以选用正弦波、三角波和脉冲波等刺激电流波形。根据以往 TENS 研究结果，刺激脉冲的波形对刺激的效果影响并不显著，而脉冲波形在实际电路中易于实现，因而目前 TENS 多采用脉冲波。本文介绍的足下垂刺激康复系统也采用了矩形波电流，其脉冲宽度为1ms。根据患者个体对电流耐受程度的不同，刺激电流通常在0~50mA范围内可调。

图 6-6 为足下垂自适应刺激康复系统的实物照片，图下方两只扣式电极用以连接刺激电极。图 6-7 是被试者右腿按照标准佩戴足下垂自适应刺激康复系统的情况。

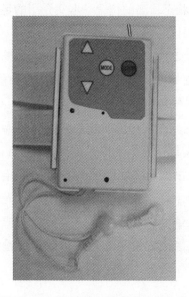 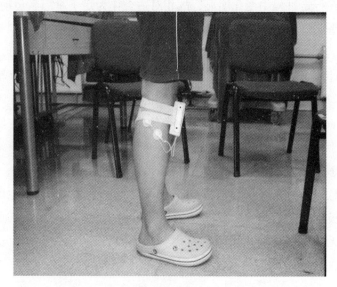

图 6-6　足下垂自适应刺激康复系统　　图 6-7　足下垂自适应刺激康复系统的佩戴

（三）信号处理

该系统采集的信号含有多种噪声（工频干扰和肌体振动等），为了提高系统的性能，需要对其进行一定的预处理，滤除噪声，提高信噪比。该足下垂刺激康复系统的信号预处理达到了以下要求。

（1）最大程度不失真地平滑检测数据。所获取的双轴倾角传感器信号由于运动和工频干扰，存在大量的噪声，给后续的检测、识别和判断工作带来许多不便。对原始数据进行平滑预处理有利于快速、准确地进行检测、识别和判断工作。

（2）满足快速性、稳定性和可靠性原则。足下垂刺激康复系统需要实时处理数据，实时产生输出电刺激信号。因此，预处理算法必须以较短的时间获取较好的处理效果。另外，算法的稳定性和可靠性提高了足下垂刺激康复系统作为医疗设备的可应用性。

（3）资源占有总量小。为了提高足下垂刺激康复系统的便携性，预处理算法最终通过 AVR 系列单片机来实现。信号预处理算法节省资源的特性使得系统的便携特性更易于实现。

三、操作方法

首先，使用人员佩戴系统，安装相应传感器。"数据采集系统"的安放位置见图 6 - 8A 所示。患者需要将足下垂刺激康复系统佩戴在右小腿胫骨粗隆处，系统的电源放于裤兜中或系挂在腰带处。图 6 - 8B 是受试者佩戴该系统的示意图。图 6 - 8C 是在足底安放传感器的示意图，其中，两只足底传感器分别被安放在受试者的右脚足跟和足尖处。

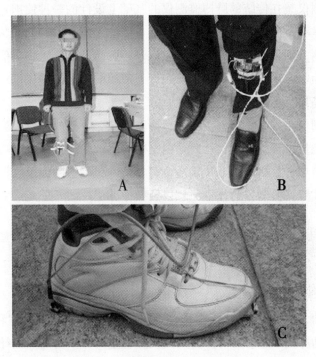

图 6 - 8　数据采集系统佩戴位置

按电源键启动设备，系统自检，进行各部分功能的检查，最终通过蜂鸣器的鸣叫，指示灯的亮灭确定系统自检结果。系统开机后自行检查主要器件是否正常工作、接通高压发生电路检查高压是否正常、倾角传感器是否正常，以及安全电路是否正常。确保系统启动后，鸣器鸣叫，指示灯全部点亮一秒钟。否则，需要根据蜂鸣器鸣叫和指示灯闪烁的频率来判断故障原因。如发现故障，使用人员不应继续使用该系统。

启动设备，并确保设备运行正常后，使用人员使用系统面板上的上下按键将电流刺激强度调到最小，然后再逐渐增大到合适的强度。每个患者对刺激电流的耐受程度不同，因此在最初使用时，应仔细小心调节刺激的强度以适应使用者的个体差异。系统面板的上下按键负责调整刺激强度，每按一次按键，刺激的强度就增加或减少一个等级。电流刺激会按照设定好的强度每两秒钟施加一次，使用者根据感觉自行调整电流强度的大小。系统具有记忆电流强度的功能，调节好强度再次使用时，如不需要改变强度，可以不重复本步骤中的从小到大调节、选择合适电流强度的程序。

完成以上步骤，系统即可进行正常的使用。系统能检测出使用人员的运动状态，从而施加合适的刺激信号，辅助使用人员完成相应的抬足动作。

第六节 便携式脉搏监测仪

便携式脉搏监测仪是在传统的脉搏监测仪的基础上设计的一种便携式仪器。该仪器采用无创式测量红外技术测量手指脉搏与血氧饱和度，以达到监护的目的。脉搏监测仪在心脑血管疾病的研究和诊断方面发挥出显著作用，它记录心脏活动时的生物电信号以及人体血液中血氧的浓度，已成为临床诊断的重要依据。临床上使用的心电监护仪虽然功能强大，测量精度高，但因为价格高昂，不利于家庭的普及。

便携式脉搏监测仪主要有三类，指夹式脉搏监测仪、手持式脉搏监测仪和腕式脉搏监测仪，均能实现精确测量、精确显示且计时功能准确等多种功能，并且小巧易于携带，监测实时快捷，界面操作简单，价格低廉，特别适合医疗条件欠发达的偏远农村地区使用。

本节介绍便携式脉搏监测仪的基本原理以及操作方法。

一、基本原理

（一）脉搏测量原理

脉搏即动脉搏动，脉搏频率即脉率。脉搏的形成依赖于心脏的舒缩和动脉管壁的扩张。因心脏有缩有舒，动脉内压才有升有降；又因动脉管壁具有丰富的弹性纤维，动脉内压的升降，才能以脉搏波的形式从主动脉开始，沿着管壁迅速传播到各分支动脉，直到微动脉末梢。正常人的脉搏和心跳是一致的。正常成人脉率为 60 ~ 100 次/分，常为每分钟 70 ~ 80 次，平均约 72 次/分；老年人较慢，为 55 ~ 60 次/分；婴儿每分钟 120 ~ 140 次。

目前脉搏波检测系统有以下几种检测方法：光电容积脉搏波法、液体耦合腔脉搏传感器、压阻式脉搏传感器以及应变式脉搏传感器。近年来光电检测技术在临床医学应用中发展很快，这主要是由于光能避开强烈的电磁干扰，具有很高的绝缘性，且可非侵入地检测患者各种症状信息。脉搏监测仪采用光电法提取指尖脉搏光信息，由发光二极管和光敏二极管组成的光电式传感器完成，其工作原理是：发光二极管发出的光投射过手指，经过手指组织的血液吸收和衰减，由光敏二极管接收。由于手指动脉血在血液循环过程中呈周期性的脉动变化，所以它对光的吸收和衰减也是周期性脉动的，于是光敏二极管输出信号的变化也就反映了动脉血的脉动变化，再经过脉搏信号拾取、信号采集及处理等获得使用者的脉搏。

（二）血氧饱和度测量原理

人体的新陈代谢过程是生物氧化过程，新陈代谢过程中所需要的氧，是通过呼吸系统进入血液的。氧与血液红细胞中的血红蛋白（Hb）结合成氧合血红蛋白（HbO_2），再输送到人体各部分组织细胞中去。血液携带输送氧气的能力即用血氧饱和度来衡量。血氧饱和度（SpO_2）是血液中被氧结合的氧合血红蛋白（HbO_2）的容量占全部可结合的血红蛋白（Hb）容量的百分比，即血液中血氧的浓度，它是人体重要的生理参数。因此，监测动脉血氧饱和度（SpO_2）可以对肺的氧合和血红蛋白携氧能力进行估计。正常人体动脉血的血氧饱和度为98％，静脉血为75％。

血氧饱和度的测量通常分电化学法和光学法两类。以往大部分采用电化学法，如临床和实验室常用的血气分析仪，需取血样来检测。尽管可以得到精确的结果，但该方法属于有创测量，操作复杂，分析周期长，不能连续监测。在患者处于危急状况时，不易使其得到及时的治疗。脉搏血氧测定法是克服这些缺点的新型光学测量方法。在符合临床要求的前提下，实现无创伤、长时间连续监测血氧饱和度，为临床及家庭医疗提供了快速、简便、安全可靠的测定方法。

脉搏监测仪中对脉搏血氧饱和度的测量，采用的是光电技术，通常有两种方法，透射法和反射法。

（三）便携式脉搏监测仪的组成与原理

本文介绍一种以 MSP430 为开发平台而设计的一种便携式无线脉搏监测仪。硬件设计上充分利用了单片机内部的功能模块、使外围元件个数减到最少，功耗降到最低；软件设计上实现了信号调制、信号处理、信息显示和无线通信等功能。

1. 系统组成与原理框图

系统的硬件结构如图 6-9 所示。系统选用 TI 公司的 MSP430FG4619 单片机为处理核心，它是一款超低功耗的混合信号处理器。MSP430FG4619 内部的 DAC12 周期性地输出 2 路 100Hz 占空比 1：4 的脉冲，经过电流放大的驱动电路驱动，交替点亮血氧探头中的红光和红外光 LED。探头中光电接收器将接收信号送到单片机内部的 OA 放大器进行放大。DAC12 根据 A/D 采样信号的大小调节光源驱动的强度，从而维持光源的稳定，减小了由于光源不稳定带来的误差。处理后的信号再经去直流放大和数字滤波，得到的就是交流脉搏波成分，此时可以通过分析其周期和幅值对心率、血氧饱和度值进行计算。

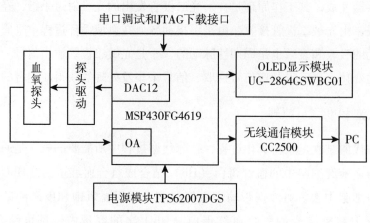

图 6 - 9　系统硬件结构

2. 探头及驱动电路

血氧饱和度探头中采用了双色的发光二极管 PDHE833，它能发出波长分别是 660nm 和 940nm 的红光和红外光。红光和红外光经过人体组织的反射后被光电传感器 TSL250RD 接收，其内部集成了一个放大器，经过传感器输出的信号实际上是经过放大的脉搏调制信号。

3. OLED 显示电路

系统显示电路采用 128 像素 ×64 像素的 OLED 液晶 UG –2864GSWBG01，模块上集成了 OLED 及其驱动，微处理器只需通过 5 根控制线与 8 根数据线进行控制读写。

4. 无线传输电路

无线传输电路包括无线发射和无线接收两个部分。系统无线发射电路采用了 Chipcon 公司的 CC2500 射频收发器，它通过标准 4 线制 SPI 接口与微控制器实现数据通信，MCU 可以访问和控制 CC2500 的基本寄存器，发出各种工作指令，写入发送数据，读出接收数据。

5. 光调制

光电传感器输出的信号中分别包括红光和红外光的交流分量和直流分量，其中 95% 左右是直流分量。如果将红光和红外光的输出信号都调到一个预设范围，便可以认为两路信号中的直流分量相同，在计算血氧饱和度时，只需将两路信号的交流分量进行处理即可。由于个体的差异，有时会出现输出信号特别弱的情况，即使发射光强达到最大，信号也不能达到初始设定的阈值，这时就需要将阈值进行降低。

6. 直流抑制与交流放大

直流抑制，即利用共模抑制比去直流操作。探头模块输出的信号大部分为直流分量，交流分量很小，而交流分量又反映了人体脉搏搏动的信息，所以需要将交流分量从信号中提取出来放大，作后续处理。具体操作流程为：先设定抑制直流及放大后交流信号的阈值范围，对欲抑制直流分量设定一个初始值；将原始信号输入到单片机内置运放 OA 的一端，将预设的直流分量值 D /A 转换后送到运放的另一端进行差分放大；通过对运放输出端的信号进行采样，并对比设定的阈值来动态调整直流分量的大小。

7. 数字滤波

数字滤波的目的是将交流脉搏波信号中的噪声去除。信号中的噪声主要来源于工频干扰以及血管振动和身体运动引起的伪差干扰，频率为 50Hz 以上，而需要得到的脉搏波的频率仅为 2Hz 左右，故采用了 FIR 低通滤波器。

二、操作方法

（一）仪器设备

脉搏监测仪一般由主机和脉搏监测传感器组成。传统的台式脉搏监测仪体积较大，价格昂贵，不易于携带和普及，因此便携式脉搏监测仪应运而生。便携式脉搏监测仪按结构可分为：指夹式脉搏监测仪、手持式脉搏监测仪和腕式脉搏监测仪。

（二）操作步骤

（1）备好脉搏监测仪，连接电源（如采用充电电源，事先要检查电能量）。

（2）选择符合要求的传感器置于相应合适的部位，避免过力操作；使用指尖传感器时，要先清洗指甲，除掉指甲油。

（3）打开脉搏监测仪电源开关，待其通过自检和自校准。

（4）要允许脉搏监测仪工作几秒钟，以检测脉搏并计算出血氧饱和度。

（5）观察信号强弱指示器，没有达到正常工作推荐的水平，所读数值是无效的。

（6）读出所显示的脉率值和血氧饱和度，结合临床综合进行判定。

（7）如发生血氧饱和度报警（信号），要检查患者意识是否清楚，检查呼吸通路，保证患者呼吸适度，抬高其下颚或采取其他适当的气道管理措施。

（8）如发生脉率报警，要观察脉搏监测仪信号强度显示，触摸中心脉搏，如没有脉搏，启动生命支持措施；如果有脉搏，尝试着换其他手指再定位。

（9）大多数脉搏监测仪根据需要来设置脉率值和血氧饱和度的报警限，因而要把报警限设置适当，更不能把报警声停了，声音可以提示给我们某些重要信息。

（三）影响脉搏监测仪精确测量的因素

（1）不正确的位置可能导致不正确的结果。光线发射器和光电检测器彼此直接相对，如果位置正确，发射器发出的光线将全部穿过人体组织。传感器离人体组织太近或太远，都会导致测量结果过大或过小。

（2）测量需要脉动。当脉动降低到一定极限，就无法进行测量。这种状态有可能在下列情况下发生：休克，体温过低，服用作用于血管的药物，充气的血压袖带以及其他任何削弱组织灌注的情况。相反，在某些情况下静脉血也会产生脉动，例如静脉阻塞或其他一些心脏因素。在此情况下，由于脉动信号包含静脉血的因素，结果会比较低。

（3）光纤干扰会影响测量的精度。脉动测氧法通过感应脱氧血红蛋白和氧络血红蛋白的红外光和红光吸收属性测量血氧，而血液中存在的一些其他因素也可能具有相似的吸收特性，会导致测量的结果偏低，如碳氧血红蛋白（HbCO）、高铁血红蛋白以及临床上使用的几种染料。周围光线带来的干扰可以通过将手指套用不透明的材料密封来排除。其他影响光线穿透组织的因素，如指甲光泽会影响测量的精度。

（4）人为的移动也可能影响测量的精度，因为它与脉动具有相同的频率范围。

（5）倘若脉搏监测仪的信号强弱指示器（光标或波形）所示为信号强度不足，所测定的 SpO_2 百分比值也是无意义的。

（6）罕见的心脏瓣膜缺损，如三尖瓣回流引起静脉搏动，此时脉搏监测仪显示的是静脉 SpO_2 值，而不是动脉。

（7）心律失常可干扰脉搏监测仪捕捉到适当的脉动信号及进行精确的脉率计算。

第七章 X 射线诊断设备 RayNova

第一节 示范县农村 X 射线设备
现状及改造措施

一、示范县农村 X 射线设备现状

（一）设备落后

由于前期国家财政资金限制等问题，政府集中招标采购的项目指导思想是低水平，广覆盖，因此前期采购的大量用于基层医院的 X 光机多数是工频机。多数基层医院的设备处于闲置状态，原因是设备采用传统的胶片摄影，对基层医院来说，胶片需要冲洗（显影、定影、水洗），因此会带来胶片冲洗药液的成本及药液老化成本。另外一个原因，基层医院在缺少设备的同时，更加缺少影像诊断医生，胶片无法借助远程会诊进行诊断。以上是造成基层医院 X 光机购买到位就已经落后，成本再低也是一种浪费的原因，基层医院临床应用水平并没有得到提高，无论对政府、财政部门还是基层医院都是一种无奈。在基层医院普及数字 X 射线成像系统，无疑是使基层医院摆脱目前 X 光机现状的一条正确道路。

（二）大功率、高剂量造成配套成本增加

目前，国内、国际医院多追求以 50kW 为主的功率大，产品技术复杂，通用性差，生产维修成本高的数字化医用 X 射线摄影系统。对基层医院来说，其相应的配套设施（电源容量、房屋面积、射线防护等）也需要增加，使多数基层医院买不起用不起。

（三）CCD 探测器的 DR 配置

前期很多基层医院基于成本的考虑选择 CCD 的探测器 DR，由于 CCD 探测器的 DR 要求剂量高、探测器衰减快、图像清晰度差等，无形中增加了基层医院的服务成本。

（四）影像操作医生缺乏、服务水平受限

很多农村基层医院由于影像操作和诊断医生缺乏，X 射线设备被闲置，无法发挥作

用。有的虽然配备了临床操作医生，但由于其诊断水平有限，也使设备不能发挥应有的作用。

二、改造措施

根据农村基层医院 X 射线设备的实际情况，通过以下关键技术实现农村 X 射线设备数字化配置。

（1）对农村基层医院根据实际情况采取层次化配置，开发低剂量、低消耗、低成本、技术性能稳定、操作维护简单、部件通用性强的平板数字化医用 X 射线摄影系统，并分为大中小型的数字 DR。

（2）采用便携式数字成像系统，对原有传统 X 线机进行数字化升级。

（3）通过开发具备远程 X 线图像传输、专家会诊功能的系统，提高基层农村医院医学影像诊断的服务水平；通过网络进行设备的远程故障诊断、远程软件升级服务，减少基层农村医院设备的维护成本。

第二节　工作原理

X 射线诊断设备是医学六大成像设备之一，也是诊断疾病的常用工具，是医疗单位所必需的常规设备。X 射线诊断设备的通用工作原理是，通过高频高压装置为 X 射线管球提供高压和灯丝电流，从而使 X 射线管球产生波长很短的电磁波 X 射线。X 射线具有一定的穿透性，能穿透人体组织。当 X 射线穿透被照射的人体组织结构时，由于人体存在着密度和厚度的差异，这样在 X 射线穿透人体不同组织后 X 射线强度会有不同的改变，通过影像接收装置接收转换、软件算法处理形成高质量数字化医学影像，为医生诊断人体各组织是否正常提供参考依据。X 射线设备可以在不同的影像接收装置中成像，成像装置主要包括平板探测器、IP 板、影像增强器与 CCD 组合以及最传统的屏胶系统。

开普医疗系统有限公司生产制造的 RayNova DRsg 型数字化医用 X 射线摄影系统，采用的影像接收装置为当前最先进的影像接收装置，平板探测器直接采集数字信号成像。

该型号的设备有如下特点：采用人机工程学设计，外形美观；机械运动工程强大全面，操作简易、流畅、可靠、维护方便；智能化系统设计；实时程序控制及采用稳定恒频高压技术，高精度、大容量、高品质、低故障；全程操作无噪声、极大地改善了临床环境；图像工作站功能强大，实用性好，操作简便，拥有多种图像处理、测量和分析功能。

第三节　技术突破

一、高频高压技术

高压发生器采用了最新的高频逆变控制技术，即 PWM 高频脉宽调制技术。采用 50kW/150kV 高频高压控制技术，进行闭环调整，使用性能卓越的大功率 IGBT 器件及其驱动技术。电压纹波系数小于 2%、高压上升时间为 1ms，极大程度地提高了高压输出信号的信噪比，减少了低能有害射线的产生，降低了软射线对人体的伤害；电压重复性及线形都得到了极大的提高，改善了诊断图像的质量，方便医生进行医学诊断，降低误诊率。

高压发生器具备完善的错误监控设计，对关键部件如逆变、Tank、灯丝、球管具有过流、过压、过温等监控保护，并采用了硬件可靠性设计，当错误发生时，使用 RS 触发器迅速中断主回路工作，从而保证了对错误的及时纠正，极大程度地保护了产品及人身安全。

高压发生器软件使用了嵌入式实时操作系统，支持多任务，程序结构清晰，便于维护。

按照规定的优先级进行任务管理，及时有效地对用户的输入进行响应，同时提高了系统的稳定性和可靠性。

高压发生器的外部接口灵活、可靠。

提供可编程逻辑控制接口，针对不同系统，可方便灵活地进行配置。外部接口采用了电气隔离硬件设计，从而确保产品接口安全。

（一）高可靠性、低维护成本

高压发生器采用性价比极高的大功率 IGBT，IGBT 在大电流和工作频率为 200kHz 以下时具有很大的优势，主要特点是栅极便于控制、沟道电流容量大、通态电阻小、饱和管压降 Uces 低等；同时 IGBT 的可靠性比 MOSFET 高，且维护成本低。

高压发生器采用了恒频 PWM 控制技术，简化了系统的噪声控制，使系统设计更优，如高压 Tank 内无须装配各频段的滤波磁环和电容，这样就减少了热耗散，效率高，高压包的体积也可以缩小；同时 Tank 内可以使用可控硅整流，可控硅为无触点开关，具有开关效率高，安全，可靠，无电弧、电磁、电火花现象的特点。因此，高压 Tank 的体积及所需绝缘油也大大减少，高压 Tank 的重量轻，减少了材料消耗，同时高压 Tank 的性能更稳定。

（二）高性能 IGBT 驱动

IGBT 驱动采用了电桥的 ZCC（零电流切换）驱动模式。该模式利用 IGBT 的反向雪崩特性和电荷转移法实现 IGBT 的零电流切换，从而有效地抑制了器件内部的电流拖尾和自锁效应，大大地减小了开关损耗，提高了 IGBT 的工作效率和安全性。驱动电路与整个控制电路在电位上严格隔离，对被驱动 IGBT 有完整的保护能力，并且有很强的抗干扰性能，输出阻抗低。

二、机械设计技术

（一）新型材料

设计合理地选择铝合金材料，采取正确的结构形式及其连接工艺以消除一般结构件的内应力，使金相组织均匀，冲击韧性提高，材料的冷脆性降低，对提高医疗器械的安全性极其重要。设计中抛弃原行业中采用的对环境有害的材料，采用绿色无污染的新型材料。材料选用完全符合 EU – RoHS 标准，为以后产品出口扫清障碍。

（二）模块化设计

作为主体部分的立柱采用了铝合金拉制技术，不仅保证加工尺寸精确度和产品的一致性，而且也使得外形美观，总体质量轻，更便于安装运输。为生产过程、服务过程以及产品物资的管理带来极大的便利，也为公司产品的规模扩大奠定了雄厚的技术基础。

（三）人机工程学设计

整机采用人机工程学设计，针对机器的使用功能操作步骤，结合人体特征使操作更富有效率，更简洁，更轻便，使用者能轻松掌握整机操作，更符合医院的使用环境和流程。

（四）特色化设计

整机配备各种功能附件，实现医院的特殊化和个体化要求，使产品更具个性，满足客户的不同需求，进而赢取广泛的产品市场。

三、电子电气控制技术

基于 CXA 的通用 X 射线产品系统架构：X 射线产品种类繁多，如果每一种产品都具有独立的电子控制设计，必然造成 X 射线产品的开发周期延长，产品物料采购、管理、产品测试、服务、维护成本增加。基于 CXA 的通用 X 射线产品系统架构的主要设计思想是：简化硬件设计，软化系统结构。其重点在于软化系统结构，此系统架构将软件的一些设计思想、设计方法引入到系统的设计中，提高软件（应用软件、嵌入式软件）在系统中所占的比重，采用软件集中式控制，提高产品的研发效率和灵活性，实现明确的模块接口，增强模块的复用性。此系统架构的通用性也将降低产品从研发到生产过程中的各项研发、管理、服务成本。

集中式串级供电电源管理：在系统供电方式上，创新之处在于将集中式供电与串级式供电相结合，进一步增强集中式供电的成本优势。所谓串级式供电，就是将从集中式供电电源取的电一级一级地传递下去。这样既可以降低系统的连接成本又可以提高系统的扩展能力。

四、软件技术

（1）基于平板探测器图像采集、转换、处理、显示软件技术。

（2）基于区域生长的 DR 图像分割算法。

（3）基于 OTSU 的 DR 图像分割算法。

（4）基于小波的 DR 图像降噪算法。

（5）基于 Unsharp Masking 的 DR 图像增强算法。

（6）基于 Canny 算子和 Hough 变换的 DR 限束器检测算法。

（7）DR 图像自动窗宽窗位算法。

（8）基于冗余灰度级的直方图均衡 DR 图像增强算法。

（9）基于 C#语言的软件开发。

同时具备远程图像传输功能，通过远程专家会诊帮助基层医院提高服务水平，及设备远程维护功能，可以进行远程系统诊断、软件升级服务，解决基层医院设备维护能力欠缺问题。

第四节　基本功能和操作方法

一、RayNova DRsg 数字化医用 X 射线摄影系统

通过对软件和机械运动控制的操作，完成对患者不同体位不同身体部位的 X 射线摄影，通过图像采集系统获取摄影图像，供医生进行诊断，从而完成摄影检查。其中采集工作站软件具体图像的后处理功能，同时具有标准的 DICOM3.0 接口，可以和医院的 PACS 和打印机进行连接，提高工作效率。

RayNova DRsg 型数字化医用 X 射线摄影设备的操作，主要是通过图 7－1 中标示的工作

站操作界面和球管操作面板来完成的。另外，设备的开机和关机是通过电源开关来完成的，摄影架上平板的上升和下降是通过固定在摄影架上的操作盒来完成的。

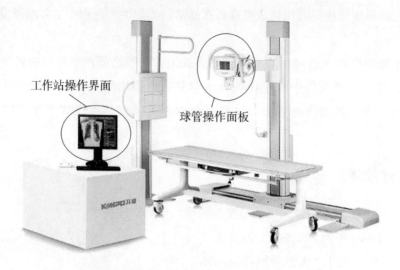

工作站操作界面

球管操作面板

图 7 - 1　X 射线设备成像原理

工作站操作界面包括登录、患者检查、患者管理、图像查看和图像处理、报告和打印界面，操作者通过这个界面完成患者的登记、患者检查、图像处理、图像浏览、图像发送、报告编辑以及曝光参数的设定、系统设置。

球管操作面板界面包括动作控制按键和焦距、球管角度等显示功能，操作者通过这个界面完成机械部分的运动控制，来改变球管、平板探测器的位置和角度。

1. 工作站操作界面的操作

（1）登录。

图 7 - 2　系统登录界面

用户启动系统后，系统会弹出登录界面，用户可以输入用户名和密码。

（2）患者管理。患者管理分为：待检患者、已检患者。

软件登录后默认在待检患者界面，界面有检查、紧急检查、新建、编辑、删除、刷新等按钮。

点击"已检患者"选项卡进入已检患者管理。已检患者界面包括检查、查看、发送、备份、编辑、删除、查找、关闭查找等按钮。

（3）检查。

（4）高压曝光参数设置。

（5）Post 值显示。

（6）球管热容量显示。

（7）APR 功能。

（8）图像预览。当曝光结束后等待数秒钟，当前检查的预览图像便会显示在图像预览区域中，同时右侧检查列表中的检查部位会被图像的缩图所替换。

（9）图像自动发送。此选项被选中时，当患者检查完成后，会自动发送到预先设置的服务器上。

（10）暂时离开。点击此按钮可以暂时离开检查界面，进入患者管理界面。

（11）图像处理。点击"查看"按钮可以进入图像处理界面。

（12）检查完成。当患者检查完成时，点击"结束检查"按钮可以进入患者管理界面。此时如果患者还有没检查完的部位时，将删除没检查项，保存已检查项。

（13）查看图像和图像处理。① 在患者管理的已检患者界面，点击"查看"按钮。② 在检查界面点击"查看"按钮。

患者信息显示与图像浏览：用于显示当前患者信息及图像缩略图。

辅助查看图像和图像处理：用于辅助用户查看图像及诊断。

图像处理包括：基本处理/标注、高级图像处理两个选项卡。

（14）患者图像浏览。该功能用于显示预览缩略图像，在预览图像中，有编号显示。

（15）移动。

（16）缩放。

（17）放大镜。

（18）电子裁剪。

（19）旋转翻转。

（20）亮度/对比度调节。

（21）ROI 调节。

（22）负片。

（23）文字标注。

（24）箭头标注。

（25）直线标注和测量。

（26）椭圆标注和测量。

（27）矩形标注和测量。

（28）角度测量。

（29）心胸比测量。

（30）删除标注。

（31）布局。

（32）灰度条测量。

（33）比例尺测量。

（34）角标标注。

（35）恢复。

（36）显示曲线设定。

（37）图像处理参数设定。

（38）恢复显示曲线。

（39）默认曲线保存。

（40）胶片打印。胶片打印可以将图像发送到胶片打印机中，打印胶片。胶片打印的界面和各功能区域如图7-3所示。

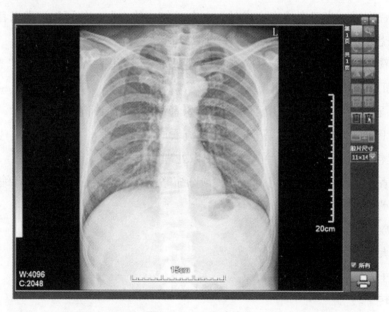

图7-3 X线胶片

（41）报告打印。系统可以为每一次检查生成报告。主要功能有：

① 可以将报告打印到不同的打印机上。

② 支持报告管理，如查询、排序。

③ 支持报告模板。

④ 支持病例模板的管理，如保存病理模板、应用病理模板到当前报告界面构成。

报告打印的界面和各功能区域如图7-4所示。

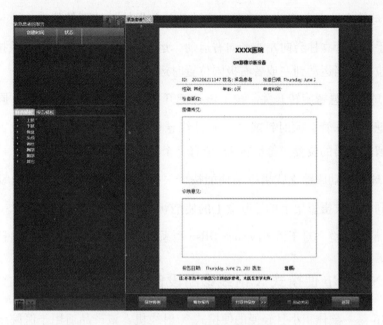

图 7 -4　报告打印界面

（42）系统设置。系统设置包括网络设置、高压设置、患者数据设置、图像信息设置、报告设置、用户权限设置、查看日志设置和查看关键操作设置功能，用鼠标分别点击界面左侧列表中的不同设置进入相应的参数设置界面，操作者根据各自界面的内容进行需要的设置。

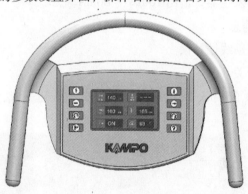

图 7 -5　球管操作面板

2. 球管操作面板的操作

（1）（↑）球管向上移动，焦距变大。按下该按键开关并保持被按下的状态，球管向上运动，运动到想要的位置后，释放按键，球管会停留在想要的位置。向上运动到限位位置时，即使按键被按下运动也会自动停止。

（2）（↓）球管向下移动，焦距变小。按下该按键开关并保持被按下的状态，球管向下运动，运动到想要的位置后，释放按键，球管会停留在想要的位置。向下运动到限位位置时，即使按键被按下运动也会自动停止。

（3）⟷ 球管立柱左右移动。按下该按键开关并保持被按下的状态，同时向左或者向右推动球管把手，球管立柱会向左或者向右运动，运动到想要的位置后，释放按键，立柱会停留在想要的位置。当运动到左或者右极限位置时运动停止。

（4）⟲ 球管绕悬臂旋转开关。按下该按键开关并保持被按下的状态，同时顺时针或者逆时针转动把手，球管会顺时针或者逆时针绕悬臂旋转，运动到想要的位置后，释放按键，球管会停留在想要的位置。每旋转45°会有一个机械卡位。

（5）⌶ 球管自动跟踪立式摄影架使能按键。按下该按键开关，球管自动跟踪立式摄影架的位置，同时立式摄影架上的控制盒上的使能状态灯会被点亮。

（6）？ 帮助按键。对于该 RayNova DRsc 型系统，本按键为显示帮助信息。

二、RayNova Rp 便携式 X 射线诊断设备

RayNova Rp 是一款体积小且轻便的便携式 X 射线机。该产品适用于医院或诊所内以及野外、战地医院进行胸腹部及四肢部位的影像摄影检查。主要由高压发生器、限束器构成，其中高压发生器包括：操作面板、逆变板、控制板、电源、驱动板、高压变压器和球管组件。其特点如下。

（1）小巧轻便，高频发生器，输出 100kV／60mA。

（2）预设 8 条 APR 信息。

（3）内置准直仪、自动线性补偿。

（4）数字读数换向开关。

RayNova Rp 的操作除了开机、关机和曝光通过单独按钮完成，其他操作主要通过操作面板进行。

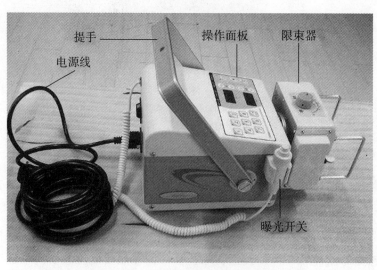

图 7-6　设备外观

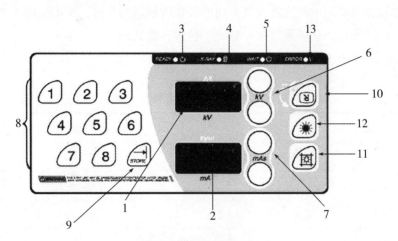

图 7 - 7　面板示意图

表 7 - 1　功能描述

编号	描述	功能
1	kV 值显示区	显示 kV 值（范围：40 ~ 100kV）
2	mAs 值显示区	显示 mAs 值（范围：0.4 ~ 100mAs）
3	"准备好"状态指示灯	当按下曝光开关至第一挡并保持，设备进入"准备好"状态，该灯亮起
4	"曝光"状态指示灯	X 线机曝光时的信号指示灯
5	"等待"状态指示灯	在允许下一次曝光前会一直闪烁
6	kV 调整按键	通过按下向上或向下按钮设置 kV 值
7	mAs 调整按键	通过按下向上或向下按钮设置 mAs 值
8	APR 选择按键	通过按下按键选择不同的 APR，可以对 8 个 APR 数据进行内存设置
9	存贮 APR 数据	保存选定的 APR 数据
10	反向显示开关按钮	用于反向读取屏幕显示的 kV 值和 mAs 值
11	限束器光野指示灯按钮	用于点亮限束器光野指示灯
12	激光按钮	用于调整曝光焦距（为选配配置）
13	错误状态指示灯	当 CON5 连接不良或者脱落时会被点亮

操作者按动设备后面电源线输入口旁边的开机按键进行开机，根据表格中不同按键的功能进行自己想要的操作，然后通过按动曝光手柄进行曝光。

RayNova Rp 的具体参数指标如表 7 - 2。

表 7 - 2　参数指标

输出功率		3.2kW	
输入功率	电压	220V	
	相位及频率	单相/ 50Hz	
	电流	瞬时 18A	
1kV 下射线照射 kV 范围：40 ~ 100 kV	管电压	电流	mAs
	40 ~ 50kV	60mA	0.4 ~ 100
	51 ~ 70kV	40mA	0.4 ~ 64
	61 ~ 70kV	40mA	80 ~ 100
	71 ~ 80kV	40mA	0.4 ~ 32
	71 ~ 80kV	35mA	40 ~ 80
	81 ~ 90kV	35mA	0.4 ~ 80
	91 ~ 100kV	30mA	0.4 ~ 50
	91 ~ 100kV	25mA	64 ~ 80
mAs 范围		0.4 ~ 100mAs，25 档位	
最大 kV 偏差		± 10 %	
最大 mAs 偏差		± （10% + 0.2mAs）	
指示		kV（错误代码）/ mAs：7 - segment LED	
X-ray 管组件	正极热容量	40 kHU	
	等效滤过	固有滤过 0.8 mm Al，附加滤过 1.2 mm Al	
总滤过量		2.5 mm Al eq. @ 100kV	
供电补偿		自动	
限束器	型号	手动操作	
	最小照射野	≤5cm ×5cm @1m SID	
	最大照射野	≤35cm ×35cm @ 65cm SID	

三、胃肠机数字 CCD 摄影系统

（一）胃肠机的功能

胃肠机主要由 X 射线管组件、限束器、高压发生装置、影像增强器 CCD 电视系统、机械等部分构成。其主要的临床功能：透视、摄影。临床主要用于胸部、全消化道造影，其他造影（"T"管造影、子宫输卵管造影、IVP、ERCP 等）透视检查，普通摄影通过胶片及 CR 的 IP 板完成。

由于普通胃肠机采用的是模拟信号，需经过拍摄胶片、暗室冲洗等过程，影像难以以数字格式存储、传输，也无法利用网络进行图像传输、远程会诊。通过普通胃肠机数字化改造升级方案，对 CCD 摄像机进行改造和核心部件的更换，可满足医院对胃肠机影像数字化的临床需求。

（二）数字胃肠机的操作

1. 启动程序

在桌面点击 Smit Platform 图标启动程序会出现系统启动进度条，如果初始化失败，系统会提示相应的错误，如果一切无误，则进入软件主界面。

启动后的软件主界面如图 7 - 8 所示。

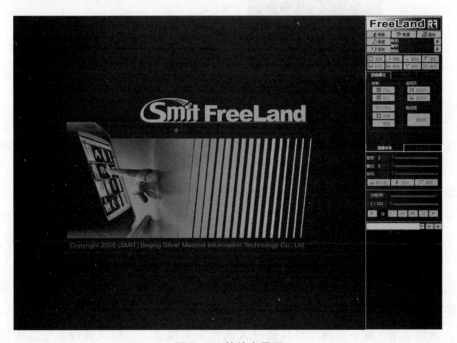

图 7 - 8　软件主界面

2. 功能区介绍（图7－9）

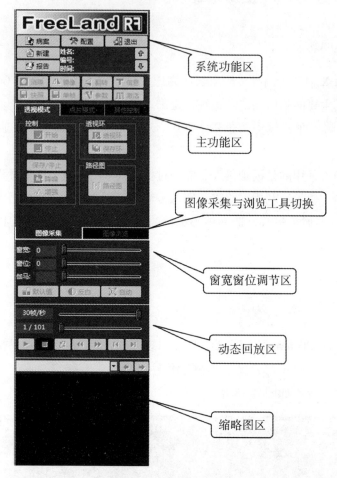

图7－9　功能区介绍

3. 图像采集

图像采集具体方法及流程与不同的系统应用有关，本节只介绍常用的方法，并不保证完全一致。

如果要保存采集的图像，则首先需要新建病例，输入要新建的患者信息。如果为体检等检查，不保存患者信息，则不需要新建。

（1）新建病例。点击"新建病例"按钮，新建患者病例，在弹出的窗口中输入或选择患者ID号，检查ID号，姓名等信息，输入完毕后点击"保存"按钮即可。

如果患者信息是由DICOM WORKLIST中传输得到，则点击WORKLIST按钮查询，选择要检查的患者，双击即可新建。

（2）透视采集。踩下脚闸即可自动进入透视采集模式，也可以通过手工点击透视模式页中按钮"开始"，手工进入采集模式，手工模式通常用做调试时使用，下面不再讲述与手工有关的功能。

脚闸抬起，透视停止，并进入末帧保持或是透视环模式。

（3）点片采集。按下手闸即可进入点片采集模式，此时根据所选速率不同进行点片。如果已新建患者信息，则采集的图像自动保存。

（4）其他功能。

消隐：显示/取消消隐圆，消隐圆的大小可以在维护中配置。

镜像：左右镜像。

翻转：上下翻转。

信息：显示或隐藏图像四周信息。

快照：保存当前屏幕的快照，如果当前图像为减影或路径图，保存处理后的结果。

单帧：保存当前图像。注意与上面"快照"功能不同的是，该功能保存的是原始图像。

参数：设置降噪级别、透视环等采集参数。

4. 病案管理

（1）启动病案管理界面。选择主界面右上角的"病案"按钮，即可进入病案管理主界面。

（2）病案管理主界面。主界面如图7－10所示。包括三部分：本地、刻盘缓冲区、光盘。而每一部分又分为：查询，信息显示，功能按钮。

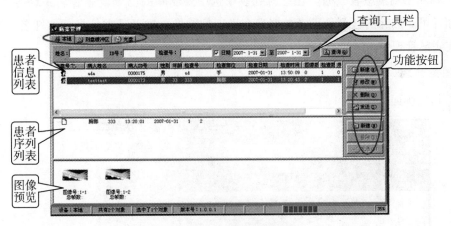

图7－10 病案管理主界面

（3）修改患者信息。在患者列表中选中要修改的患者名，点击"修改"按钮，弹出和新建患者一样的界面，在里面做改动，点击"保存"按钮，即可修改患者的信息。

（4）删除患者信息。在患者列表中选中要删除的患者名，点击"删除"按钮，弹出确定的对话框，点"是"则删除，点"否"则取消。

（5）发送患者信息。发送功能可以将患者信息发送到刻盘缓冲区和相机中。

在患者列表中选中要发送的患者名，点击"发送"按钮，选择要发送到的设备，点"确定"即可。

（6）打开患者图像。在患者列表中选中要打开图像的患者，点击"打开"按钮，进入图像浏览模式（仍是主界面下），或者在患者列表中选中要打开图像的患者，直接双击鼠标左键，也可以进入图像浏览模式。

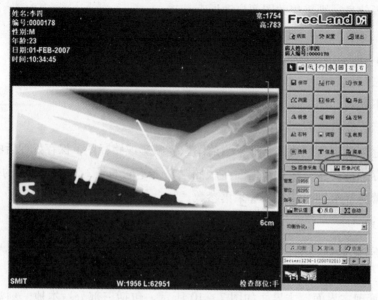

图7-11　图像浏览界面

（7）删除已刻盘患者数据。在患者列表中选中要删除的已刻盘患者名，点击"刻录数据"按钮即可。删除的已刻盘患者数据只有患者的图像，患者基本信息，如姓名，性别等，仍保留在病案管理中。

5. 图像处理

（1）初始画面（图7-12）。

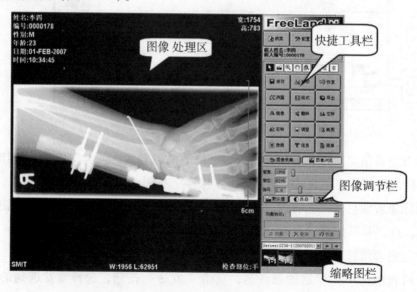

图7-12　初始画面

（2）功能详解。点"图像采集"按钮后返回图像采集菜单。

（3）保存图像。点"保存"按钮后保存图像。

（4）打印胶片。点"打印"按钮后将图像发送到胶片打印界面，排版，打印。

（5）导出。点"导出"按钮后可将图像导出成多种非 DICOM 格式图像，可用普通看图软件如 Windows 的画图板或是 Photoshop 进行浏览，也可粘贴到 Word 或是 Powerpoint 中。将图像以文件的形式导出并保存，可以导出成 JPG、BMP、AVI、DICOM、DICOM PART 10 以及 DICOM DUMP 格式。

（6）图像选择。无论对图像做任何操作，均需要先选择要处理的图像。在本系统中，图像具有三种状态：焦点、选中、未选。

焦点：即为红色框内图像，它代表当前图像，无论何时，系统中只能有一幅焦点图像。鼠标左键或右键点击即可将所在图像设为焦点图像。

选中：即为黄色框内的图像，它代表被选中的图像。焦点图像同时也是选中图像，要选中其他的图像，可以在点击的同时按下"Ctrl"键。还可以点击窗口右上方工具栏中 ▣ 按钮，选中全部图像。

未选：即为绿色框内的图像，它代表没有被选中的图像，处理时并不包含在内。

（7）图像窗宽/窗位调节。有多种方法可以进行窗宽/窗位调节。最简单的方法是用鼠标右键直接进行调节；智能调窗工具可以自动识别；系统还提供了预设的标准窗宽/窗位；此外还可以利用"调窗页"中的滚动条进行调节。

除了对 12 位灰度图像进行调窗外，系统还可以对 8 位的灰度图像、24 位/32 位彩色图像进行"亮度/对比度"调节，调节方法与此类似。

（8）图像反白（负片）。选择"菜单"中"图像"下的反白按钮或是"调窗"中的"反白"即可观看负片。

（9）图像缩放/漫游。系统提供了多项功能来改变图像的大小及位置，满足不同情况下的需要。如既提供了全屏缩放，同时也提供了灵活、方便的放大镜功能。

（10）胶片打印。图像处理好以后，单击右侧工具栏中的"打印"按钮，即可将当前选中图像发到排版界面，如图7-13 所示。

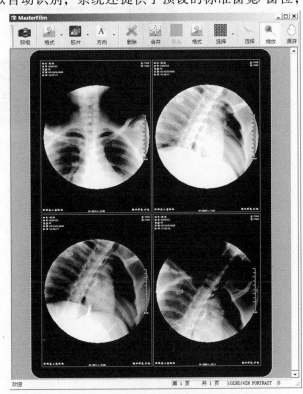

图 7 - 13　胶片打印

（11）数据光盘刻录。此功能为：将患者数据资料刻录到光盘中保存。

6. 诊断报告

在软件主界面或是患者管理界面中点击"报告"按钮，均可进入诊断报告模块，新建或修改当前患者的诊断报告，诊断报告界面如图 7 - 14 所示。

图 7 - 14　诊断报告

第八章　磁共振成像系统

第一节　磁共振成像系统成像原理

一、Supernova C5 磁共振成像系统简介

MRI 技术是 20 世纪七十年代末、八十年代初随着计算机技术、电子技术、超导技术和磁性材料技术的飞速发展而出现的一种先进的影像诊断技术，目前已被广泛地应用于临床医学。由于它在提供人体组织、化学信息方面的潜在能力以及对人体无损伤的优点，在当前已成为众所瞩目的医学影像技术。

人体组织内氢原子在磁场中经一定频率的射频激励后，呈现磁共振现象。由于不同组织间，正常组织与异常组织间的弛豫时间常数不同，它提供了空间、时间、自旋密度、T_1、T_2、化学位移以及流体扩散等多维信息，磁共振图像还提供其他生化信息。

永磁磁共振成像系统具有价格和运行费用低、杂散磁场小的优点，虽然磁场较低，但仍然广泛应用于临床，市场前景十分广泛。目前 MRI 检查还没有在我国得到普及，许多本应该首先进行磁共振检查的患者进行了不必要的 CT 和 X 线检查，而目前国际医学界一直在建议，如果有必要患者应该首先选择磁共振检查，如磁共振检查结果不能满足要求，才最后进行 CT 和 X 线检查。

本系统在设计中重点采用了最新的谱仪技术和软件技术，采用四通道全数字化接收系统和相控阵线圈，保证所有的扫描部位都有最佳的图像质量，梯度系统采用 300V/220A 高保真大功率放大器，在保持低场 MRI 预期用途、技术特征、安全特性和临床特点的基础上，大大提高了图像质量和扫描速度，更加有利于发挥其诊断功能。

二、磁共振原理及磁共振成像方法

（一）核的自旋和 Larmor 进动

自然界中有 2/3 的原子核显示自旋，带电核的自旋产生磁矩。在一个均匀的磁场中，自

旋的核受到外界电磁干扰，它就会绕磁场方向进动。进动的 Larmor 频率 ω 正比于磁场强度 B_0，即 $\omega = \gamma B_0$，其中 γ 是比例常数，称为旋磁率。γ 值决定于核的类型，对于 ^{1}H，其 γ 值为 42.56（MHz/T）。电磁激励一结束，核开始弛豫，释放能量。释放能量的速率取决于进动核的数目，核与核之间以及核与周围环境之间的相互作用。核密度的空间分布，特别是核的弛豫性质形成了产生图像的基础。

（二）平衡和激发

在平衡态，原子处于不停的热运动中，各原子的磁矩经历变化的随机定位。所有原子核自旋磁矩之和 M 与主磁场 B_0 方向一致，见图 8 - 1。

通过加入一个与主磁场 B_0 垂直且频率等于 Larmor 频率的附加磁场 B_1，在实验室固定坐标系中的观察者，将看到磁矩 M 螺旋倒向 XY 平面，见图 8 - 2。

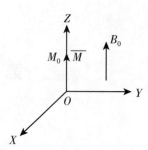

图 8 - 1　样品处于平衡态

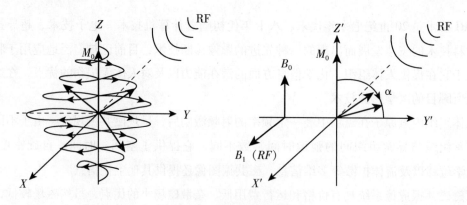

图 8 - 2　样品受激进动

M 远离 Z 轴的程度取决于 B_1 场的强度和持续时间。磁化矢量 M 可用其分量 M_Z 和 M_{XY} 来描述。M_Z 称为纵向磁化，M_{XY} 称为横向磁化，如图 8 - 3 所示。在附加磁场 B_1 的干扰下，M_Z 逐渐变小，M_{XY} 逐渐变大，一旦 B_1 撤销，则 M_Z 逐渐恢复到初值 M_0，M_{XY} 将逐渐减小到零。

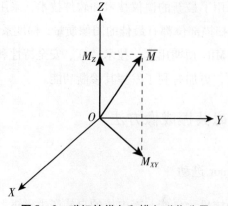

图 8 - 3　磁矩的纵向和横向磁化分量

表征纵向磁化弛豫的时间称为 T_1，即自旋－晶格弛豫时间。表征横向磁化的弛豫时间称为 T_2，即自旋－自旋弛豫时间。

（三）射频激励脉冲

在射频脉冲的激励下，使磁化矢量 M 转动90°（即 $M_Z = 0$，$M_{XY} = M_0$）的射频脉冲称为90°脉冲。如果射频脉冲使磁化矢量 M 转动180°（即 $M_Z = -M_0$，$M_{XY} = 0$），则该射频脉冲称为180°脉冲，见图8－4。

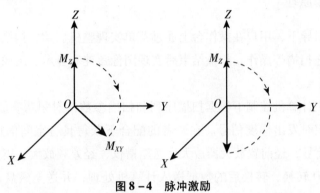

图8－4　脉冲激励

（四）磁共振成像方法

位于主磁场中的人或样品在射频场的激励下，只要激发频率与人体或样品中氢原子的进动频率相等，这些氢原子就呈现磁共振而产生 MR 信号，而要实现人体片层成像，则必须使各部位氢原子发出的 MR 信号载有空间信息或者说必须进行空间编码。这依靠梯度实现，即在主磁场的基础上叠加梯度场，从而使样品或人体内的氢原子的进动频率呈现一定规律的分布。扫描时，射频发射机首先发射窄频带脉冲，在选片梯度的配合下，样品或人体中只有某一片内的氢原子的进动与激励脉冲的频率相等而产生磁共振。通过改变发射脉冲的频率即可实现选择片层的目的，见图8－5。

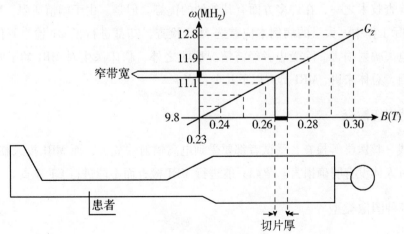

图8－5　片层选择

根据选片梯度的梯度方向的不同,可获得横断面、矢状面或冠状面图像。

断层方位选定后还需给 MR 信号附上空间信息,设 Gz 为选片梯度,则还需加 Gy 和 Gx 才能获得二维图像。在 Gy 梯度作用下,随 Y 坐标变化各核的进动频率产生差异,从而 Gy 梯度结束后各核之间的进动呈现相位差,故 Gy 称为相位编码梯度。经相位编码后,加 Gx 梯度,它们的进动频率又发生变化,不同频率反映了在 X 方向上的位置,故 Gx 称为频率编码梯度。经二维付氏变换,即可得各核在选片层中的平面位置。

(五)系统工作原理

在系统软件的引导下,用户在操作台上通过菜单实现整机启动、扫描准备、扫描序列选择、参数选择和实施扫描等操作,扫描结束后实现图像重建和显示、图像分析以及病历档案管理。

扫描过程中,在计算机控制下根据扫描序列和扫描参数,射频功率放大器定时发射 RF 脉冲、梯度放大器定时发出梯度信号。在二者的配合下获得具有空间信息的 MR 信号。RF 接收线圈接收 MR 信号,经前置放大器放大后送至谱仪,经差频放大、正交检测、滤波、音频放大后,进行 A/D 转换,转换后的数据送入计算机处理,并送至磁盘,作为原始数据储存起来。

计算机根据所用的脉冲序列对信号进行信号叠加等预处理,然后进行二维傅里叶变换,从而获得图像数据,这些数据可送到图像显示系统实现图像显示,也可送到磁盘存起来。

主计算机除控制谱仪、外设等实现扫描、图像重建和存储外,还可进行病历档案管理和对子系统进行故障诊断。

三、磁共振成像的特点

磁共振成像(MRI)技术几乎是与 CT 技术同步发展起来的医学成像技术。MRI 作为最先进的影像检查技术之一,在许多方面有其独到的优势。但是,由于国情所限,MRI 远没有 CT 普及,实际工作中,大量的病例本应首选 MRI 检查,却都进行了 CT 检查,使受检者受到不必要的电离辐射损害。除受患者经济情况影响之外,临床医生对 MRI 的了解不足也是一个重要原因。总体来讲,MRI 具有以下几个特点。

(一)无损伤检查

CT、X 线、核医学等检查,受试者都要受到电离辐射的危害,而 MRI 投入临床 20 多年来,已证实对人体没有明确损害。孕妇只能进行 MRI 检查而不能进行 CT 检查。

(二)多种图像类型

CT、X 线只有一种图像类型,即 X 线吸收率成像。而 MRI 常用的图像类型就有近 10

种，且理论上有无限多种图像类型。通过对不同类型的图像进行对比，可以更准确地发现病变、确定病变性质。

（三）图像对比度高

磁共振图像的软组织对比度要明显高于 CT。磁共振的信号来源于氢原子核，人体主要由水、脂肪、蛋白质三种成分构成，它们均含有丰富的氢原子核作为信号源，且三种成分的 MRI 信号强度明显不同，使得 MRI 图像的对比度非常高。CT 的信号对比来源于 X 线吸收率，而软组织的 X 线吸收率都非常接近，所以 MRI 的软组织对比度要明显高于 CT 的。

（四）任意方位断层

由于 MRI 是逐点、逐行获得数据，所以可以在任意设定的成像断面上获得图像。而 CT 是通过管球、探测器的旋转扫描获得数据，断层方位是固定的，想获得其他方位的图像只能通过后处理，但后处理图像的质量要明显低于直接扫描获得的原始图像。

第二节　磁共振成像系统主要功能和技术指标

根据用户的需求以及国际国内相关标准（如 NEMA 标准；YY/T 0482—2004 医疗诊断用磁共振设备技术要求和试验方法；YY 0319—2008 医用电气设备第 2 部分，医疗诊断用磁共振设备安全专用要求）的要求，同时参考国际上 MRI 技术的发展趋势，设计制定了以下一些主要技术性能指标。

一、磁体

（1）类型：永磁 C 型开放式。
（2）磁场方向：竖直。
（3）高斯线：以成像区域中心点为中心，Y 轴方向（上下）小于 3 米，X 轴、Z 轴方向小于 3 米。

二、线圈

标配 PA 头线圈、PA 颈线圈、PA 中体线圈、PA 膝线圈，选配 PA 大体线圈、PA 小体线圈、PA 头颈联合线圈、PA 脊柱线圈、PA 腕线圈、PA 肩线圈、PA 运动关节分析线圈、6 英寸柔性线圈、9 英寸柔性线圈。

三、梯度

（1）最大梯度强度：$22mT/m \pm 10\%$。

（2）最大梯度切换速率：$\geqslant 55mT/m/ms$。

（3）梯度非线性度：40cm DSV X/Y/Z ＜4%。

（4）噪声：不产生超过 A 加权有效值 99dB 的噪声。

四、谱仪

数字化谱仪；射频发射机；射频接收机；梯度波形发生器。

五、射频功率放大器

最大输出功率 6kW。

六、系统运行模式

（1）SAR：满足 YY0319—2008 51.103.2 表 105 的正常运行模式要求。

（2）dB/dt：满足 YY0319—2008 51.102.2 的正常运行模式要求。

（3）系统操作模式：正常运行模式。

七、计算机

（1）CPU 优于 Intel Core 2 Duo。

（2）内存容量 3G 及以上。

（3）硬盘容量 500G 以上。

（4）光盘可读写 DVD 刻录机。

（5）图像显示器为 19″ LCD，分辨率为 1M。

八、图像

（1）图像贮存：光盘、大容量硬盘。

（2）图像记录形式：激光相机或胶片打印机。

九、患者床

（1）最大水平移动距离：不小于 160 cm。

（2）移动方式：手动。

（3）最大承受质量：200kg。

十、技术指标

（1）永磁体的磁感应强度：$0.35T \pm 5\%$。

（2）在永磁体的磁场中心 $\Phi 40cm \times 35cm$ 椭球时，非均匀度：$\leq 20 \times 10^{-6}$。

（3）磁场稳定性：每小时不大于 10×10^{-6}。

（4）信噪比（表 8-1）

表 8-1　不同部位信噪比

线圈名称	接收部位	信噪比
PA 头部线圈	颅脑、副鼻窦、眼部、垂体、颅内 MRA	≥140
PA 颈部线圈	颈椎、颈部 MRA	≥120
PA 小号体部线圈	腹部（肝、胆、脾、胰、双肾）、盆腔、胸部（纵隔）、髋关节	≥140
PA 中号体部线圈	腹部（肝、胆、脾、胰、双肾）、盆腔、胸部（纵隔）、髋关节	≥130
PA 大号体部线圈	腹部（肝、胆、脾、胰、双肾）、盆腔、胸部（纵隔）、髋关节	≥120
PA 膝关节线圈	膝关节	≥150
PA 脊柱线圈	腰椎，胸椎	≥100
PA 肩部线圈	肩关节	≥120
PA 头颈联合线圈	颈椎、颈部 MRA	≥120
6 英寸柔性线圈	腕关节	≥150
9 英寸柔性线圈	膝关节	≥100
PA 关节运动分析线圈	踝关节	≥100
PA 腕关节线圈	腕关节	≥260

（5）图像几何畸变：小于 5%。

（6）高对比度空间分辨率：1mm。

（7）最小断层扫描厚度：0.1mm（3DFT）。

（8）典型厚度：$3 \sim 10mm$，层厚大于 5mm 时其误差应不大于 ± 1.0 mm。

（9）层间距偏差：层间距的偏差不大于 ± 1.0 mm 或小于层间距的 20%，两者取大值。

（10）图像均匀性：头线圈大于等于 80%，体线圈大于等于 75%。

（11）定位与层间距：切片的定位偏差不大于 ± 3.0 mm。

（12）层间距偏差：层间距的偏差不大于 ± 1.0 mm 或小于层间距的 20%，两者取大值。

（13）伪影：小于 5%。

十一、软件功能

（1）应能对系统进行自动校正。

（2）应能对磁共振的原始信号数据做处理，构成横断面、矢状面、冠状面或任意斜面断层图像。

（3）应能以多种层面扫描，显示和分析断层图像。

（4）应能备份、恢复和删除原始信号数据和图像数据。

（5）应能方便地编制脉冲序列，有自旋回波序列（SE）、快速自旋回波序列（FSE）、梯度回波序列（GRE）、反转恢复序列（IR）等。

（6）应能对图像进行后处理。

十二、成像序列及方法

（1）自旋回波序列（SE）。

（2）反转恢复序列（IR_ SE，即 STIR）。

（3）快速自旋回波序列（FSE）。

（4）快速反转恢复序列（IR_ FSE，即 Flair）。

（5）单次激发 FSE 序列（MRCP，MRU，MRM）。

（6）梯度回波序列（GE2D 序列，GE3D 序列）。

（7）自旋回波扩散加权成像（DWISE）。

（8）时飞法血管成像（TOF MRA）。

（9）平面回波成像（EPI）。

十三、图像采集技术和处理技术

（1）预饱和技术。

（2）MTC 对比增强。

（3）半扫描（half scan）。

（4）动态成像（dynamic imaging）。

（5）图像增强。

（6）最大强度投影重建（MIP）。

十四、图像门控采集技术

（1）心电门控（ECG gating）。

（2）呼吸门控（respiration gating）。

第三节 磁共振成像系统操作方法

一、启动系统

Supernova 磁共振成像系统包括一系列开关，系统日常开关机用户只需要控制操作室的总开关，无须作机房内系统机柜上的任何开关。

系统的启动顺序依次为：

（1）按下操作室内的总开关启动按钮，如图 8 - 6 所示。

图 8 - 6　总开关启动按钮

（2）按下操作室主控计算机开关按钮，启动主控计算机。

（3）主控计算机登录到 Windows 系统后，用户等待 3 分钟，直至系统自检完毕。

（4）双击主控计算机桌面 Supernova 软件图标，如图 8 - 7 所示，运行 Supernova 软件。

图 8 - 7　Supernova 软件桌面图标

⚠ 注意：主控计算机登录到 Windows 系统后，用户应等待 3 分钟再启动 Supernova 软件，在系统自检未完成之前启动 Supernova 软件可能会提示连接失败。

（5）在 Supernova 的登录窗口输入用户名和密码，点击［OK］按钮，如图 8 - 8 所示，登录到 Supernova 软件系统，系统初始界面如图 8 - 9 所示。

图 8 - 8　Supernova 登录窗口

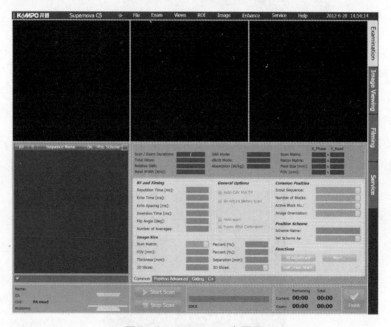

图 8 - 9　Supernova 主界面

二、扫描前准备

（一）无磁性设备

（1）无磁性手推车和轮椅。

（2）带无磁性钥匙的存物柜，放置患者的贵重物品。

（二）告知患者

在扫描过程中，一些患者可能会感到不舒服。告知患者关于磁共振成像系统的一些信息，在扫描过程中有助于减少患者的不适应感。为患者及其家属准备有关扫描的小册子。在扫描前，操作人员应该与患者说明扫描过程，并回答所有相关问题。

告知患者以下内容：

（1）患者身体的大部分将靠近磁体。

（2）在扫描过程中，患者将听到类似敲击的噪声。

（3）扫描所需总时间。

（4）为使患者安心，一位家庭成员或者朋友可以留在扫描室内。

（5）扫描不产生电离辐射。

（6）在整个过程中，操作员与患者会保持视觉或者听觉联系。

⚠ 注意：可以告诉患者，当他们听不到噪声时，在不移动感兴趣区的前提下，可以适当地放松，例如伸懒腰、抓挠，或者移动手臂、腿。

（三）特殊情况

1. 幽闭恐惧症

（1）尽量减少扫描时间，减轻患者的不适感。

（2）有护士或者亲属的陪同，可能对其有所帮助。

（3）在 PA 头部线圈上使用镜子，可能有所帮助。

2. 婴儿和儿童

（1）护士或者父母陪同。

（2）在不影响成像的前提下，可以抚摸患儿予以安慰。

（3）一些医院对于 6 岁以下的儿童，会提供口服镇静剂，但是，这样的情况下应该对患儿进行实时仔细观察。

（4）婴儿在吃饱睡着后，可以扫描。

3. 创伤患者

对于有外伤的患者，要给予仔细观察。

4. 易燃气体

检查室内禁止使用易燃气体。

5. 麻醉

要给予仔细观察。

6. 紧急事件

在扫描过程中，如果患者出现紧急情况，应尽快将其移出扫描室，以便迅速实施紧急救助，不能因耽误时间给患者带来危险。

对磁共振成像系统操作人员进行关于如何处理紧急事件的培训。

三、患者准备

（一）患者摆位

1. 将患者床移出磁体

（1）解开手闸的锁定，手闸如图 8 - 10 所示。手闸在图 8 - 11 位置时，为释放状态，此时患者床可以移动。手闸在图 8 - 12 位置时，为锁定状态，此时患者床不能移动。

  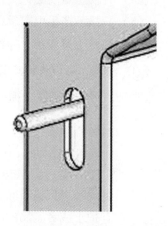

图 8 - 10　手闸　　　　　图 8 - 11　手闸释放位置　　　　　图 8 - 12　手闸锁定位置

（2）拉出患者床，然后锁定手闸。

（3）患者床床面可以纵向移动，旋转水平移动手闸可锁定床面，如图 8 - 13 所示。

将患者床水平移动手闸顺时针旋转，锁定床面，患者床不能左右移动。此项操作一般在完成患者定位后进行；

将水平移动手闸逆时针旋转，释放床面，此项操作在患者送入磁体进行定位前或者完成扫描后释放患者时进行。

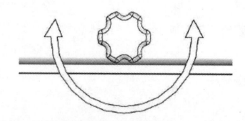

图 8 - 13　水平移动手闸，顺时针为锁定，逆时针为释放

⚠ 注意：用户只需稍微旋转旋钮就可以释放水平移动手闸。

2. 将床垫放在床面上

可以给正常体形的患者使用厚床垫，体形较大的患者使用薄床垫。

3. 在患者床上放置线圈

4. 患者的摆位

使用缚带和衬垫固定感兴趣区，避免造成运动伪影，而且可以使患者更舒适。告知患者和操作员之间随时可以联系。确保避免某些情况发生，如：线圈连接器插脚之间有纸片。

⚠ 危险：在移动患者床之前，要确保其在感兴趣区部位，磁体与患者床之间没有其他身体部位或者物体。

⚠ 危险：患者床的最大负荷是 200 kg，禁止超出这一限制。如果床体负载过多，它将不能正常工作，并且可能损坏床体的机械部件。

5. 将线圈与磁体下部连接面板上的线圈连接器（Rx Coil Connector）相连（如图 8 – 14所示）

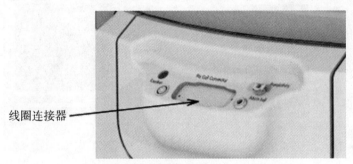

图 8 – 14　线圈连接器位于磁体下部连接面板上

6. 释放患者床手闸，将患者床推到磁体腔内

7. 按下 ［Laser］ 按钮打开激光定位灯（如图 8 – 15所示），移动感兴趣区域到激光十字的下方

⚠ 危险：不要直视激光定位灯，否则可能灼伤眼睛。

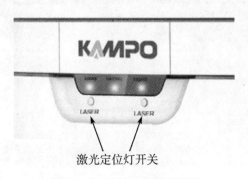

图 8 – 15　磁体上部控制面板

8. 通过手闸旋转旋钮锁定患者床的纵向移动

9. 定位完成后，再次按下［Laser］按钮，关闭激光定位灯

10. 锁定患者床手闸

患者摆位完成后，操作员就可以离开扫描室，并开始扫描。

（二）患者登记

（1）点击［Exam］菜单下的［Patient Register］进入患者登记界面，或通过［Worklist Find］、［Reserved Patients］功能获得患者信息。

（2）在患者登记界面输入患者信息、检查信息和扫描程序，如图 8 - 16 所示，患者信息、检查信息和扫描程序信息录入完成后，点击［Exam］按钮进入扫描控制模式，如图 8 - 17所示。关于患者信息录入和扫描控制的具体信息，请参见患者检查部分内容。

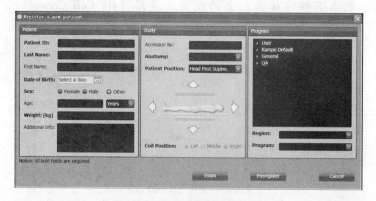

图 8 - 16　患者信息输入

图 8 - 17　扫描控制

四、扫描过程

（一）系统校准

由于被扫描患者的不同，推荐对每个患者检查扫描前进行中心频率校准和快速一阶匀场操作。操作步骤如下：

（1）点击 `B0 Adjustment` 按钮进行中心频率校准，或在参数设置区的 ［General Options］ 选项中选中 ［B0 Adjust Before Scan］ 选项，如图 8 - 18。

（2）点击 `Fast Linear Shims` 按钮进行快速一阶匀场。

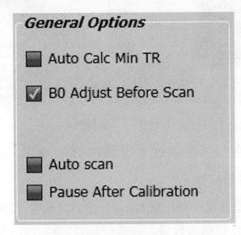

图 8 - 18　推荐的定位像序列扫描选项

（二）获得定位片

根据检查需要，可以多次定位来获得期望的层面位置和扫描角度。

（三）定位和扫描

以腹部常规扫描为例来说明定位的步骤。

（1）获得定位图像后，在扫描序列列表里选中 ［FSE T2 Gated］ 序列，在参数设置区 ［Common Position］ 的 ［Scout Sequence］ 中选择 ［Scout 3］，系统自动打开定位图像并进入定位控制界面。

（2）图像区域分别显示横截位、矢状位和冠状位定位图像，并在定位图像区域画定位线/块，可通过旋转定位线/块来改变扫描层位的角度，拖动定位线/块来改变扫描层的位置，如图 8 - 19 所示。

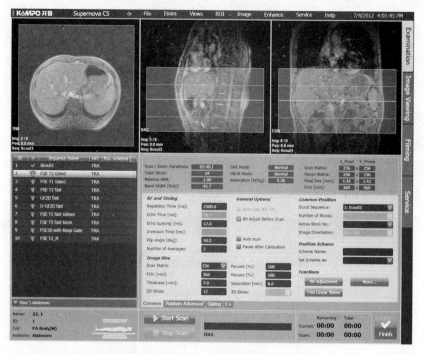

图 8 - 19　定位控制

（3）定位完成后，在扫描控制面板里修改扫描参数，或使用默认参数，点击 ▶ Start Scan 按钮，开始扫描。

（4）在扫描序列列表里选择［FSE T1 Gated］序列，参考［FSE T2 Gated］序列的加载方式，选择定位图像并设置扫描参数后，在参数设置区的［General Options］选项中选中［Auto scan］选项，使得该序列进入自动扫描队列。

（5）在扫描序列列表中，选择其他需要扫描的序列，参考［FSE T1 Gated］序列的加载方式，进行自动扫描；或者在其他扫描结束后手动进行扫描。

（6）扫描队列如图 8 - 20 所示，当 FSE T2 Gated 扫描完成后，系统自动运行序列列表里的 FSE T1 Gated 序列。

（7）所有序列完成后，点击［Finish］结束本次检查，然后将患者从扫描室中移出。

图 8 - 20　定位控制

（四）将患者从扫描室移出

成像完成并满足检查需要后，要将患者从磁体腔中移出，顺序如下。

（1）拔下连接器上的线圈插头。

⚠ 危险：从磁体腔中移出床体之前，必须先拔下线圈插头，否则电缆可能会拉扯线圈，导致患者被挤伤，或导致线圈或者设备损坏。

（2）释放患者床的手闸，从磁体腔中拉出患者床。

（3）从患者床上移出线圈，把患者从扫描室移出。

（五）图像查看和后处理

扫描结束后，点击［Image Viewing］标签页进入图像查看和后处理界面，可在该界面下对已扫描完的图像进行窗宽窗位调整、测量病灶、图像滤波、MIP 投影、电影播放等操作，界面中各功能区说明如图 8−21 所示。

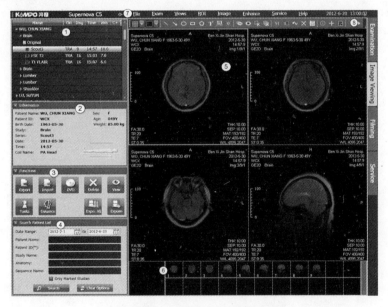

图 8−21　图像查看和后处理界面

①患者列表区。列出了当前患者的所有已扫描完成的序列，可以通过双击一个已扫描完成的序列，查看该序列对应的图像。

②扫描信息显示区。列出了患者的姓名、ID、性别、体重、检查名称和患者扫描体位等信息。

③功能区。可对图像进行导入、导出、DVD 刻录和删除等操作。

④患者查询区。可按指定条件进行搜索，搜索结束后，将搜索得到的扫描序列显示在扫描序列列表区域。

⑤图像显示区。显示当前激活的扫描序列对应的图像。

⑥图像预览及定位像显示区。显示当前激活序列的所有扫描图像的缩略图，双击需要查看的图像，在图像显示区的激活窗口显示对应的图像。

⑦菜单栏。用户可通过菜单进行图像处理操作。

⑧图像工具栏。可修改图像显示区的显示方式和对图像进行编辑。

在对患者图像进行查看和编辑后，选中需要打印的图像，点击功能区的 ■Expose，将选中图像发送到［Filming］标签页；或者点击 ■ Expo. All，将当前序列的所有图像发送到［Filming］标签页。

（六）胶片打印

点击［Filming］标签页，进入胶片打印界面，如图 8 - 22 所示，在该界面中可进行界面布局，删除图像，添加或删除打印机等操作。有关胶片打印的详细操作说明，请参照胶片打印部分内容。

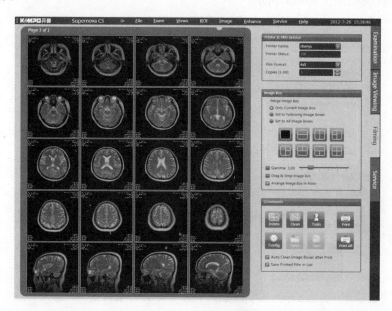

图 8 - 22　Filming 界面

在胶片打印界面，选中需要打印的图像，点击 ■Print 打印当前页胶片；或者点击 ■Print All 对所有页胶片进行打印。

按常规操作方法，完成胶片打印即完成了本次检查的操作。

五、关闭系统

一天工作结束后，为了节约能源和延长 Supernova 磁共振成像系统使用寿命，操作者需要按照要求，严格按顺序关闭系统。

系统关闭的顺序为：

在 Supernova 操作软件系统菜单中点击［File］下的［Exit］菜单项，如图 8-23 所示。系统弹出关机选项，如图 8-24 所示，默认选项为［Exit Software］，若选中该选项，计算机只退出 Supernova 软件。

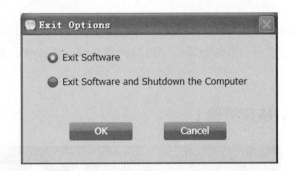

图 8-23　系统菜单 Exit　　　　　　图 8-24　Supernova 软件退出默认选项

在 Supernova 关机选项窗口选中［Exit Software and Shutdown the Computer］选项，然后点击［OK］按钮，如图 8-25 所示，这样会在退出 Supernova 软件后自动关闭主控计算机。

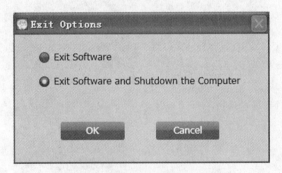

图 8-25　Supernova 关闭系统选项

待操作室主控计算机关闭后，需等待 3 分钟，然后再按下系统总开关的停止按钮，关闭系统电源，如图 8-26 所示。

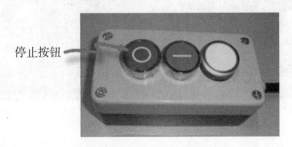

图 8-26　总开关停止按钮

警告：主控计算机关闭后，用户应等待 3 分钟再按下总开关停止按钮，以使得谱仪正常关闭。过早按下总开关停止按钮可能会导致系统数据丢失或设备损坏。

第四节　磁共振成像系统应用实例

Supernova C5 磁共振成像系统通过技术创新，临床应用功能得到提升，极大地改善了医院的诊断水平，有效地降低了医院的漏诊率、误诊率，提高了医院的服务质量。具体临床病例如下。

一、临床病例 1

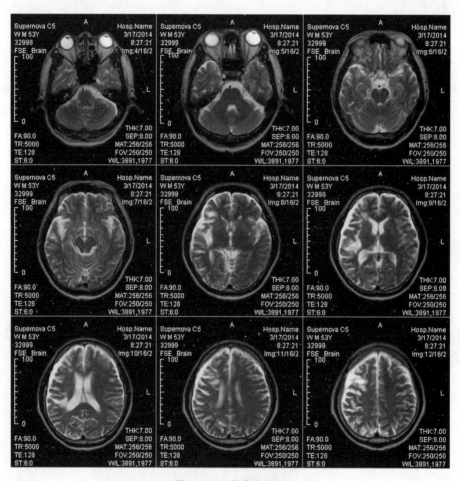

图 8 – 27　临床病例 1

（一）描述

双侧基底节区、侧脑室旁、右侧丘脑、枕叶及右侧额叶可见多发斑点状、片状长 T1 信号影和长 T2 信号影，Flair 序列右侧丘脑及枕叶病灶呈高信号影，余病灶呈低信号影。双侧侧脑室周围可见片状长 T2 信号影，Flair 序列呈高信号。右侧侧脑室、外侧裂及右侧脑外间隙略增宽，中线结构居中。

（二）诊断提示

（1）多发脑梗死，软化灶。

（2）脑白质脱髓鞘改变。

（3）右侧硬膜下积液。

二、临床病例 2

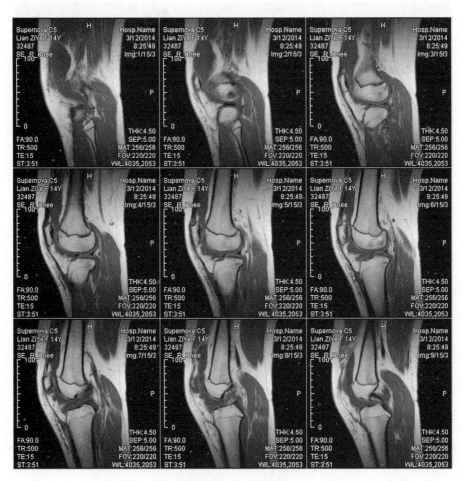

图 8－28　临床病例 2

（一）描述

右侧膝关节内外侧半月板未见确切异常信号影。前后交叉韧带形态结构未见异常。右膝关节腔及髌上囊内 T2 WI 及 T2 抑脂序列可见大量长 T2 信号影。右侧髌骨及股骨远端 T2 抑脂序列可见斑片状高信号影。右膝髌下脂肪垫及后外侧软组织 T2 抑脂序列可见条片状高信号影。

（二）诊断提示

（1）右膝关节腔及髌上囊积液。

（2）右侧髌骨及股骨挫伤，骨折待除外。

（3）右膝关节周围软组织损伤。

三、临床病例 3

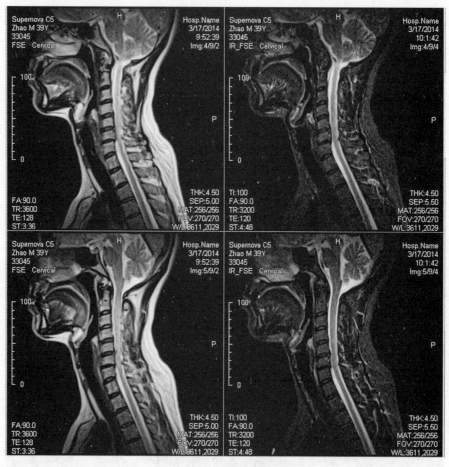

图 8 - 29 临床病例 3

（一）描述

颈椎序列完整，曲度变直。颈椎椎体边缘略呈唇样改变。C4 ~ C5、C5 ~ C6、C6 ~ C7 椎间盘 T2WI 序列信号减低。C4 ~ C5、C5 ~ C6、C6 ~ C7 椎间盘稍向后方突出，硬膜囊轻度受压。椎管内脊髓未见异常信号影。

（二）诊断提示

（1）颈椎曲度变直。

（2）颈椎椎体及 C4～C7 椎间盘轻度退行性改变。

（3）C4～C5、C5～C6、C6～C7 椎间轻度突出。

四、临床病例 4

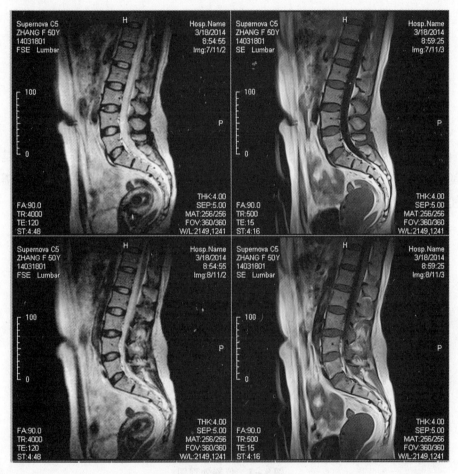

图 8－30 临床病例 4

（一）描述

腰椎序列齐，诸椎体形态、位置、信号未见明显异常，诸椎间盘未见明显异常，硬膜囊未见受压变形改变。

（二）诊断提示

腰椎各椎体及椎间盘未见异常。

第九章　全自动生化分析仪 FC-100

第一节　概述

一、仪器简介

全自动生化分析仪 FC-100（图 9-1）具有每小时 100 项测试的处理能力，是一种小型台式的生化分析仪。操作在触摸屏上进行，测定结果可以通过打印机打印，根据需要可与电脑主机相连（对应 ASTM 协议）。

图 9-1　仪器外观图

样本与试剂进行反应的反应杯可在保持 37℃ 的反应盘（IRU）上安装 24 个。反应杯为一次性使用，测定时根据需要可以通过反应杯装卸单元从反应杯架转载到 IRU 上。测定结束的反应杯可以通过反应杯装载单元从 IRU 上取下废弃到反应杯废弃用桶中。

反应杯中的样本与试剂在搅拌后，每 20 秒钟进行一次内容物的吸光度测定。测定时使用的波长可以从预先定制好的 8 种波长中最多选择 2 种波长。

使用的样本（包含标准品、质控品）及试剂瓶安装在可取下的 SRCU 托盘上。最多可以安装 20 只试剂瓶和 10 只样本管或样本杯。

SRCU 具有冷藏功能，温度可一直保持 8~15℃。

登录试剂和样本时，可使用条形码扫描器，通过读取贴在试剂瓶上的条形码标签识别内容。使用此功能时需要另外购置安装条形码扫描器。

各单元的基本功能概要如表 9-1 所示。

表 9-1 各单元的基本功能

单元	概要功能
IRU	incubation reaction unit/反应盘 本单元在反应盘上保持 24 个反应杯，可将注射到反应杯中的样本、试剂加热到 37±0.1℃，加速反应。反应杯会逆时针旋转到试剂注射位置以及样本注射位置。反应杯会通过 CLU 从 CM 移动到 IRU 的所需位置，样本测定结束后再次由 CLU 从 IRU 取出废弃到 DP 中
DTR	detector unit/检测单元 本单元根据反应杯内的反应过程测定反应液的吸光度变化 通过滤光片将卤素灯的光线选出 2 种波长进行测光。连续旋转装有 8 个滤光片的圆盘（滤光片群）切换波长
PT	pipette unit/分注单元 本单元在 IRU、ISE、SRCU、STAT 之间进行样本、试剂和其他的吸引、排液。各工作结束后，将喷嘴在 PT 槽中清洗。初始化后喷嘴位于槽清洗的位置
MIX	mixing stirrer unit/搅拌单元 本单元为了使反应杯内的样本和试剂反应，通过桨式搅拌棒旋转下降搅拌内容物，使反应能够均匀进行。搅拌棒每次使用后都用纯水清洗。初始化后将搅拌棒置于槽清洗的位置
SRCU	sample and reagent container unit/试剂样本盘单元 本单元在样本托盘中保持 10 只采血管、试剂托盘中保持 20 只试剂瓶，将所需样本、试剂移至移液管吸引位置。样本和试剂托盘可以分别装卸，但是没有试剂托盘样本托盘就无法设置。本单元通过帕尔贴（peltier）原件进行冷却，使试剂温度能够保持在 8~15℃
SPP	sample pump unit/样本注射器单元 本单元通过柱塞的上下移动进行样本的吸液、排液
RPP	reagent pump unit/试剂泵注射器单元 本单元通过柱塞的上下移动进行试剂、清洗液的吸液、排液
WPP	wash pump unit/清洗注射器单元 本单元对 PT 喷嘴内部清洗用的纯水进行吸液和排液
SWU	supply water unit/纯水供给泵单元 本单元具有如下功能： （1）排水用软管连接口 3 处（包含 ISE2 处）；（2）纯水供给用软管连接口 2 处（其中 1 处箱为 PT、MIX 槽提供纯水）

单元	概要功能
CLU	cuvette loading unit/反应杯装载单元 本单元能够通过共计 3 只脉冲泵将反应杯从反应杯架上取出并插入 IRU，还可将使用后的反应杯废弃到 DP 中
CM	cuvette rack mount unit/反应杯架安装单元 本单元可安装 2 套装有 96 只反应杯的反应杯架
STAT	STAT unit/紧急单元 在本单元设置紧急样本后，不用打开上盖即可设置紧急样本，优先进行测定
OPU	operation panel unit/操作部单元 本单元设有 LCD 表示器和触摸屏，通过触摸屏进行主机的基本操作。文字输入较多时，可以使用选配的外部键盘
DP	dust pod/反应杯废弃桶 用来放废弃的反应杯的容器。容器为双层结构，内侧箱可拆装。箱内装有废料桶，通过拆装箱子可将使用过的反应杯和塑料袋一同废弃
TR	trough unit/槽单元 本单元由槽、槽室、废液线、DET. W 瓶（洗涤剂用瓶）、泄漏传感器构成。有如下功能： （1）PT 喷嘴内测定中不使用的空白样本的废弃；（2）PT 喷嘴内部清洗水的废弃；（3）PT 喷嘴、MIX 搅拌棒外侧的纯水清洗及废弃；（4）使用 PT、MIX 清洗液的清洗；（5）废液溢出识别检测；（6）检测液体泄漏
ISE	ion selective electrode unit/电解质测定装置单元（选配） 本单元设置在主机左侧，通过离子电极测定血清、血浆或者是尿中含有的电解质（钠、钾、氯）的浓度。测定时，样本由主机 PT 提供，在本单元中自动测定。测定结束后 ISE 将其结果通过 RS232C 通讯线发送到控制部
PSU	power supply unit/电源部单元 本单元将外部 AC（交流）电源转换为本机各部分所需的直流电源。AC 电源电压可适用于 AC 100V 和 AC 220V
CHS	chassis unit/外壳单元 外壳将上述各单元以及安装在单元上的基板、电源进行收纳及固定。另外，具有防尘和通过风扇进行冷却的功能
—	外部水箱 外部水箱用于储存本仪器使用的纯水和发生的废液。另外，水箱内的液体量可以通过选配的外部水箱传感器进行监视
CNU	control unit/控制部单元 本单元收纳 CNT – IBM 基板和 CNT – ITF 基板

二、测定流程

（一）通常测定

需要在分析仪中预先准备测定所需的测定选项和校准曲线。或者在 SRCU 单元的样品托盘中预先设置求得校准曲线所需数量的校准品。

1. 确认试剂余量

测定开始时，按下［开始测试］键或者［F1］键之前，须确认当前的试剂设置情况。在菜单［试剂信息］中可以检查试剂之类的设置状况。

2. 准备动作

按下测定开始的［F1］键后，进行下面的准备处理。

（1）初始化各单元。

（2）SPP、RPP、WPP 的灌注。进行各沟槽（PT/MIX 用）和 ISE 的灌注（ISE 为选配）。

（3）进行针对测光装置的自动获取，进行空白测定。

（4）通过 CLU 将反应杯架上的反应杯设置到 IRU 卡槽中。

（5）反应杯空白，进行试剂空白的测定。

3. 第 1 试剂测定

测定所需的试剂（R1 和 R2），纯水，清洗液以及稀释液等备齐后，按照下面的步骤测定。

（1）第 1 试剂（R1）的分注。PT 单元吸取 SRCU 的试剂托盘中装有的第 1 试剂，分注到 IRU 上的反应杯中。IRU 和 SRCU 分别根据试剂的吸取/分注的实施位置进行旋转。试剂分注后，PT 试剂/样本针旋转至 PT 槽，进行试剂/样本针纯水清洗。另外，也可以设定使用 PT 用 DET. W 瓶的清洗液，对 PT 试剂/样本针进行清洗。

（2）样本的分注。PT 单元吸取 SRCU 样本托盘中的样本，分注到 IRU 上的已经被分注了 R1 试剂的反应杯中。SRCU 和 IRU 分别根据样本的吸取/分注的实施位置进行旋转。样本分注后，PT 试剂/样本针旋转至 PT 槽，进行纯水清洗。另外，也可设定使用 PT 用 DET. W 瓶的清洗液，对 PT 试剂/样本针进行清洗。

（3）搅拌。由 MIX 单元的搅拌棒对 IRU 上分注了 R1 试剂和样本的反应杯进行充分搅拌。IRU 旋转将反应杯移动至 MIX 单元的搅拌位置。搅拌后，在 MIX 槽中对搅拌棒进行纯水清洗。另外，也可设定使用 MIX 用 DET. W 瓶的清洗液，对 PT 喷嘴进行清洗。

（4）测光。将装有第 1 试剂和样本的反应杯进行充分搅拌后，以 20 秒为间隔由 DTR 进行 15 次测光，并作为 R1 反应过程数据记录下来。

4. 第 2 试剂测定

（1）第 2 试剂（R2）的分注。PT 单元吸取 SRCU 试剂托盘中的第 2 试剂，分注到 IRU 上的反应杯（第 1 试剂和样本已经分注完成）中。IRU 和 SRCU 分别根据试剂的吸取/分注的实施位置进行旋转。试剂分注后，PT 试剂/样本针旋转至 PT 槽，进行试剂/样本针清洗。另外，也可设定使用 PT 用 DET. W 瓶的清洗液，对 PT 试剂/样本针进行清洗。

（2）搅拌。由 MIX 单元的搅拌棒对 IRU 上分注了 R2 试剂的反应杯进行充分搅拌。IRU 旋转将反应杯移动至 MIX 单元的搅拌位置。搅拌后，搅拌棒在 MIX 槽中进行纯水清洗。另外，也可设定 MIX 用 DET. W 瓶的清洗液，对 PT 喷嘴进行清洗。

（3）测光。将装有第 1 试剂、第 2 试剂和样本的反应杯进行充分搅拌后，每 20 秒由 DTR 进行 14 次测光，并作为 R2 反应过程数据记录下来。

5. 反应杯的废弃

R2 反应过程测定结束之后，由 CLU 将 IRU 上使用完的反应杯废弃到废料桶中。

（二）样本稀释

超过测定基准范围的高浓度样本，事先稀释后再进行测定。被稀释的样本量，稀释液量以及稀释后的样本量等，按照分析条件（生化参数）中的设定内容进行。测定结果用稀释比补正后的浓度进行输出。

（三）测定试剂空白

测定放入反应杯中试剂的吸光度。测定试剂空白有四种：①R1；②R1 + R2；③R1 + 水；④R1 + R2 + 水。

选择分注量、测定次数（从 1 次，2 次，3 次中任选一种）和是否补充水（充当样本）等条件，在分析条件（生化参数）中设定。

使用本试剂空白值进行补正，样本的测定、吸光度的测定结果会更精确。

（四）测定 ISE（选配）

ISE 单元是通过离子电极测定血清，血浆，尿中的钠（Na）、钾（K）、氯（Cl）的浓度。

测定尿的时候，把样本用稀释液进行 10 倍稀释后再进行测定。

稀释液必须事先在子菜单［系统］→［试剂］界面中登录代码序号和名称。

ISE 校准必须每天进行一次。

主菜单［样本申请］界面中选择 ISE 标准，在子菜单［维护］→［日常维护］界面中进行 ISE 校准。

样本的 ISE 测定，主菜单［样本申请］界面中设定测试选择后进行测定。

ISE 启动、清洗、校准，在子菜单［维护］→［日常维护］中进行。

三、基本操作

（一）分析式样（表 9－2）

表 9－2　分析式样

项目	式样
分析项目数	最大 240 项（血清：60 项，血浆：60 项，尿：60 项，通用：60 项）
通常范围	50 种 6 种＝性别（2 种）×年龄（3 年龄段），其他：44 种
复合标准样本	可以定义 10 套
质控样本	可以定义 40 种（样本）
组合项目	可以定义 20 种
项目间计算	可以定义 40 种（血清：10 种，血浆：10 种，尿：10 种，通用：10 种）
测试选择	一般样本：最大 10 样本 紧急样本：1 样本
试剂登录	最大可以识别 200 种
可以管理的试剂瓶数	最大 800 瓶（10 个托盘）
测定结果	测定结果：10000 项测试 反应过程：10000 项测试 校准结果：2000 项测试
校准曲线	项目数×2（Old/New）：480 条
QC 测定结果	最大 10000 项测试（约 1 年的总量）
可以识别的患者数	7000 人
每天最大的轮次数	99 轮/天

（二）样本识别码（使用条形码阅读器时）

设置在 SRCU 的样本托盘中所有样本的识别码分别在下面说明。该识别码（SID）被贴在样本的条形码标签上。

系统中即使没有条形码标签，在操作显示中设定必要的信息后，也能够进行测定。

（三）样本和试剂条形码的标签式样

使用条形码系统的时候，参照下面的式样。

1. 条形码种类（表9-3）

表9-3　条形码种类

种类	数据位数	检查位	可以使用的字符
UPC（JAN）	3~12位	1位，系数10	数字（0~9）
NW7	3~12位	1位，系数16	数字（0~9） 符号（-，$，/，.，+）
CODE39	3~8位	1位，系数43	数字（0~9）、字母 符号（-，$，/，.，+）
ITF	3~12位	1位，系数10	数字（0~9）
CODE128 （Set A，B，C）	3~12位	2位，系数103	数字（0~9）、字母（大写/小写） 符号（!，"，#，$，　（,），*，+，.，/,:,;，<，>，=,?，@，[,]） 注：在Set B中，不能使用小写字母

2. 样本用/试剂瓶用的条形码标签式样（表9-4）

表9-4　条形码标签式样

条宽	0.25~1.00mm
条形码高	15mm以上
条形码长	65mm以下（包括余白）
余白	条码两端4mm，或最小条宽×10倍值以内较大的值
打印	白底黑字 质量以 ANSI MH 10.8M 为准

（四）键盘

分析仪的操作单元中，可以使用计算机的键盘和鼠标。基本操作显示单元的触摸屏中，能够进行所有的输入操作，各键的用法及功能见表9-5。

表 9 － 5　各键用法及功能

键	触摸菜单	功能	说明
［F1］	开始测试	测定开始	按下［F1］键或者按下该触摸菜单后，进行测定开始或测定再开始
［F2］	暂停加样	采样停止	按下［F2］键或者按下该触摸菜单后，往样本反应杯中的分注动作停止，但是已经被分注的样本测定动作不会停止
［F3］	STAT	紧急样本追加	紧急样本追加的时候，按下［F3］键或者该触摸菜单
［F4］	警报	显示警告界面	发生警告时，该键红光闪烁 按下［F4］键或者按下该触摸菜单后，显示警告界面
［F5］	全测定	全项目测定开始	不进行测试选择的情况下要开始测定的时候，按下［F5］键或者该触摸菜单（参考备注）
［F6］	主菜单、子菜单	主菜单、子菜单选择	要显示主菜单、子菜单或在菜单选择界面的时候，按下［F6］键或者该触摸主菜单或子菜单
［F7］	界面打印	输出界面截图	打印当前显示界面的内容输出到 USB 的时候，按下［F7］键或者该触摸菜单 ※界面输出的时候，必须先在 USB 根目录下创建 FC －100 的目录
［F8］	返回	返回到菜单选择界面	按下该触摸菜单后，返回切换到当前菜单之前的界面
［F9］	键盘	全键盘显示	在界面上显示全键盘的时候，按下［F9］键或者该触摸菜单

全项目测定开始功能与测定选择的有无没有关系，针对 SRCU 的样本托盘中所有的样本，在生化参数设定的全项目中进行测定。全项目测定时，也能限定测定项目，针对测定必要的试剂类型，把在系统中登录的试剂提前设置到 SRCU 的试剂托盘中。

（五）菜单结构

LCD 界面中显示菜单（图 9 － 2）、所有的菜单都能够使用触摸屏进行操作。

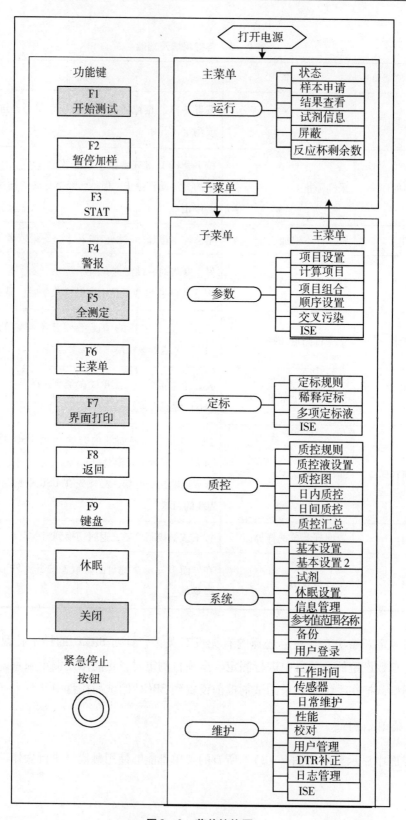

图 9 - 2 菜单结构图

（六）手动输入方法

作为本分析仪的输入方法，基本上在操作表示部分使用触摸板。但是必要的时候，能够连接计算机的键盘和鼠标，也能在 LCD 表示部分中使用模拟键盘。

第二节　测定步骤

一、操作前的确认及电源的接通

（一）操作前的确认事项

1. 关于纯水桶/废液桶的确认事项

（1）纯水桶装满纯水。

（2）废水桶为空。

（3）废水桶中残留废水时，各排水配管顶部在废水液面之上。

（4）纯水配管的顶部在纯水桶中的底部。

2. 清洗液（DET. W）

为了洗净 PT 喷嘴及 MIX 搅拌棒，PT 及 MIX 单元附近分别设置清洗用的容器。使瓶的标记和工作台的标记一致。另外，瓶一定不要超出工作台的上方，保证正确的插入。确认事项如下：

（1）将清洗液（DET. W）稀释到规定的浓度，生成 PT 及 MIX 清洗用的清洗液。

（2）MIX 搅拌棒的清洗液，随着洗净次数的增加会有所污染，使洗净能力下降。因此，须在一定时间后将容器内的清洗液进行更换。

3. 垃圾箱（DP）

废料桶的盖必须发出"咔嚓"声后再盖下。如果盖子活动了，与试管搬运器接触会发生问题。

4. 试管架的安装

安装试管架之前，确认试管架放置台上没有垃圾，如果有垃圾必须清理掉。

5. ISE（选配）

有 ISE 设备时，须确认以下事项：

（1）废液桶中有足够的空间，废液配管绝不能与罐中的液面接触。

（2）安装的电极在有效期限内。

（3）有足够的校准液 A 用来测定。

（4）ISE 灌注 3～5 次，从废液配管中排出校准液 A。

（5）分析仪的电源接通时，必须进行 ISE 校准。

（二）电源接通

1. 打印机（选配）电源的接通

将接在分析仪 USB 口上的打印机电源打开，并确认有足够的打印用纸。

2. 主机电源的接通

打开电源，选配的 ISE 单元安装时，确认所有的电极及校准液已经被设置。分析仪的电源开关打开后，显示标题界面。之后，"启动中，请等待"的提示对话框在界面中显示，显示此时正在进行初始化处理。初始化设定处理完成后，提示对话框关闭。界面自动切换到登录界面，"进行准备动作"的提示对话框显示。

准备处理后，显示登录界面，在该界面中输入用户名和密码。

（三）电源关闭

分析仪的关闭步骤：

（1）界面上部的［子菜单］按钮按下后，显示子菜单界面。

（2）［关闭］按钮按下约 1 秒以上。

（3）系统关闭了显示的界面后，切断分析仪的电源。

二、试剂录入

在开始测定时，包含清洗液及稀释液等测定用的试剂需要录入。

选择［子菜单］→［系统］→［试剂］，进行必要的录入。

录入试剂的试剂瓶信息及一览表在界面中被表示。录完试剂列表后，被录入的试剂的一览表在界面左侧表示。这个一览表中任意的试剂代码或试剂名被点击后，可进行该试剂的录入删除或者录入内容的变更。但是要追加录入，一览表不能点击。

通常，界面白色部分是可以选择或者设定输入的项目。

（一）追加录入

（1）"试剂代码"栏输入追加的试剂代码。

（2）"试剂名称"栏输入 6 位以内的英文、数字的试剂名。

（3）进行试剂瓶（R1）的设定，选中 R1 的［启用］栏。输入使用瓶的容量（最大 20mL）。如果进行这个试剂瓶的稳定性期限检查，"稳定性检查"的［启用］栏要选中，在

"期限"栏输入 2 位数字（0~99）的有效日数。

（4）进行试剂瓶（R2）的设定，选中 R2 的［启用］栏。输入使用瓶的容量（最大 20mL）。如果进行这个试剂瓶的稳定性期限检查，"稳定性检查"的［启用］栏要选中，在"期限"栏输入 2 位数字（0~99）的有效日数。

稳定性检查的算起日是试剂代码的录入日期。在主菜单的［试剂信息］进行试剂稳定性检查。超过稳定性期限的试剂，背景色为黄色。

（5）进行清洗液（Wash）的设定，选中"清洗液"的［启用］栏。输入使用瓶的容量（最大 20mL）。

（6）进行稀释液（Dil.）的设定，选中"稀释液"的［启用］栏。输入使用瓶的容量。

（7）要进行 PT 特殊洗净液的稳定性设定，选中"DET. W"的［启用］栏。这个洗净液的稳定期限是 14 日，这个日数是自动设定的。

点击子菜单的［维护］→［日常维护］→［DET. W 剩余量确认］，通过液面检测功能显示出最新液量（容量：20mL 固定，稳定性：14 日固定）。

（8）按下［保存］，全部的设定被保存。

（二）编辑

（1）选择试剂一览表的试剂代码或者试剂名，显示该试剂的最新信息。

（2）输入变更的试剂瓶的信息。

（三）删除

（1）选择试剂一览表的试剂代码或者试剂名，显示该试剂的信息。

（2）按下［删除］键。

（3）进行删除点［确定］，选择［取消］，取消删除。

（四）主/子菜单界面的转换

功能命令按钮在屏幕表示部分的最上端。

（1）选择［主菜单］按钮或者［F6］键，界面转到主菜单，按钮显示为［子菜单］。选择［子菜单］按钮或者［F6］键，界面转到子菜单，按钮显示为［主菜单］。

（2）选择［返回］按钮或者［F8］键，界面返回到前一个菜单界面。

三、生化参数的设定

在测定前进行必要的生化参数的设定。子菜单界面上的各参数菜单为测定录入必要的参数。各参数菜单的概要如表 9 – 6 所示。

表 9-6   参数菜单

参数组	详细设定
[项目设置]	项目编号和项目名、样本类型、浓度换算单位、测定方法、测光点、测定波长、试剂分注量、稀释量、试剂分注量、正常范围、技术范围、搅拌速度等的设定
[项目设置2]	项目编号/项目名、样本类型、各限定值（离散度、灵敏度、线性、抗原、限定吸光强）、试剂空白测定参数（适用可否、适用条件、试剂类型、测量回数、离散度限定值）、对测定值的机器间的补正系数等的设定
[计算项目]	项目间演算的定义： 对原来的几个实际的测定值，进行4类型数学演算，结果作为新的测定项目
[项目组合]	设置文件的定义： 几个测定项目放在一个文件内进行定义，称为设置文件（最多可以定义10个）
[顺序设置]	测定顺序的设定： 测定顺序和打印顺序的定义
[交叉污染]	试剂/样本针清洗程序的定义： 为了避免对试剂分注不同的测定项目的影响，对试剂分注结束的PT试剂/样本针，在下次的试剂分注前进行的试剂/样本针的清洗
[ISE]	样本类型，尿用稀释液的名称，机器间补正系数，基准值（Na^+，K^+，Cl^-）等的设定

（一）生化参数（1）的设定

在测定开始前，在子菜单［项目设置］界面为测定设定参数。

（1）设定项目编号和项目名。

（2）设定打印机输出用的测定项目名。打印名没设定时，在［名称］栏设定。

（3）设定样本类型。

（4）输入测定浓度的输出单位。

（5）设定测定方法。

（6）设定测光范围

（7）主波长及副波长的选择。

（8）设定样本的分注量。

（9）设定第1试剂（R1）及第2试剂（R2）的分注量。

（10）设定稀释液。

（11）设定测定结果的有效小数点位置。

（12）实施反应杯补正测定的设定。

（13）设定测定值的参考值。

（14）技术范围的设定。

（15）指定 PT 试剂/样本针的清洗方法以及类型。

（16）指定搅拌速度。

（17）为了保存设定后的参数，需要按下［保存］按钮。

（18）运用拷贝功能登录参数。

（19）与以上对仪器主机内置数据库操作不同，将条件分析界面的参数信息作为个别信息导出到插在仪器上的 U 盘内，或从 U 盘中导入项目名称的参数信息。

（20）为了进行每个测定项目的生化参数 2 的设定，需要按下［项目设置 2］按钮。

（二）生化参数（2）的设定

关于各限定值的范围及试剂空白的测定条件，在［子菜单］→［参数］→［项目设置］→［项目设置 2］中进行设定。

（1）指定项目序号及样本种类。

（2）选中 RB 离散度限定的对话框，指定 RB 离散度。该选项仅在校准测定时有效。

（3）选中灵敏度限定的对话框，指定灵敏度的范围。该选项仅在校准测定时有效。

（4）选中线性限定的对话框，指定阈值（%）及限定值（mAbs/10）。该选项仅在 Rate 法测定时有效。

（5）选中抗原限定的对话框，为了让抗原限定的检查有效，选择阈值、判定方向（上限/下限）、斜率－1 的测定开始及结束的地点序号、斜率－2 的测定开始及结束的地点序号，以及指定灵敏度范围。该选项在校准测定时不适用。

（6）选中吸光度界限值的对话框。为了让吸光度界限的检查适用，指定反应倾向（增加/减少）及限制值（mAbs/10）。该选择对话框仅在 Rate 法测定时适用。

（7）进行试剂空白测定的设定。

（8）指定试剂空白测定的时机。

（9）指定试剂空白测定方法。

（10）指定试剂空白测定数。

（11）试剂空白测定及其上限，选择是否有必要设定 RB 离散度限定的设定。

（12）指定补正系数。

（13）保存菜单的设定点击［保存］按钮。

（14）为了查看每个测定项目的生化参数 1 的设定，需要按下项目设置按钮。

（三）项目间演算的定义

所谓项目间演算，是指用测定的几个结果进行演算，该演算的结果反映到新的结果中。在［子菜单］→［参数］→［计算项目］中进行演算内容的设定。

（四）项目组合的定义

几个测定的项目放到一个文件内进行定义。这个被称作项目组合，最多能够定义 20 个项目组合。

在［子菜单］→［参数］→［项目组合］中进行设定。

（五）测定顺序的设定

测定顺序和测定结果的打印顺序的设定，在［子菜单］→［参数］→［顺序设置］中进行设定。

（六）项目间试剂/样本针清洗的定义

因为试剂的分注需要用一个 PT 试剂/样本针来进行，所以使用的分注试剂在下一个测定项目的试剂分注时会因为 PT 试剂/样本针造成影响。为了避免这种影响，试剂分注后立即对 PT 试剂/样本针进行清洗，以备下次试剂分注使用，被称作项目间清洗。针对下面 4 种试剂分注状况分别对清洗程序进行设定（［参数］→［交叉污染］）。该清洗是用 PT 试剂/样本针吸取指定的清洗液（或纯水），对注射到 PT 槽中的试剂/样本针清洗。该试剂/样本针清洗不会影响到测定动作的时间。

（七）ISE 参数的设定

选择 ISE 的测定项目，在［子菜单］→［参数］→［ISE］界面中进行设定。

（1）指定样本种类和 ISE 测定方法。

（2）ISE 样本种类选择 ISE（D）时，必须指定稀释液名称。

稀释液名称在子菜单的［系统］→［试剂］界面预先录入。

（3）基准值的指定。

Na-Min、K-Min、Cl-Min 部分显示最低值，Na-Max、K-Max、Cl-Max 部分显示最大值，所有的值均可以修改。

（4）补正系数的设定

为了使 Na、K、Cl 的各个测定结果值与其他机器的测定值保持关联，利用一元式进行补正。

（5）保存该界面设定的各个参数按下［保存］按钮。

四、试剂瓶（SRCU）的安装

测定开始前，在 SRCU 单元的试剂托盘中安装试剂、稀释液以及清洗液等必要的物品。20mL 的瓶子（圆形瓶及方形瓶）可以安装 20 个。安装方形瓶的时候注意瓶子的方向。试剂托盘能从 SRCU 中取出。预先准备 3 个试剂托盘，这些托盘分别编号（托盘 − 1、托盘 − 2、托盘－3），加以区分。指示的安装托盘和试剂安装的托盘不一样的时候，不仅不能得到正确的测定结果，同时也浪费了时间和试剂，这一点一定要充分注意。试剂瓶可以配置在试管托盘上的任意狭槽中，但是必须事先在界面上录入设定处。

（一）瓶的安装步骤

（1）在 SRCU 托盘的孔中水平放置瓶。
（2）放置好瓶的托盘放到分析装置的 SRCU 中。
（3）让托盘慢慢旋转，使其和导向销相吻合。
（4）放置好的瓶盖打开。
（5）安装 SRCU 的盖。

（二）瓶信息的登记/删除

SRCU 单元中安装试剂瓶后，开始测定前必须在分析装置中登记瓶信息。本机的 SRCU 单元中虽然是 1 个，但是预先准备 3 种试剂托盘，能够将这些试剂瓶信息分别登记（最大 60 种瓶信息）。

五、校准设定

分析装置测定检体的吸光度需换算成浓度，为此，需要事先测定已知浓度的标准液（校准），求出近似式。标准液通常由 7 种浓度构成。该校准结果（近似式）必须进行所有的测定项目，所以在进行样本测定前必须在装置内准备好数据。

要想进行精确度高而且稳定的测定，必须对各个测定项目定期进行校准。为了保证定期的校准更新，装置中提供了能够设定校准有效期限的功能。同时也有标准液的有效期限的检查功能。

校准的种类包括全校准和再校准（部分校准）。全校准使用必要的校准样本，测定校准曲线。再校准（部分校准）仅测定必要的标准样本，对现在的校准曲线进行补正。以上两种校准测定的结果能得到下面两种校准曲线：基准线和工作线。全校准测定的结果得到基准线，测定结果同时也保存在 Work 中。工作线用来对基准线进行补正。该工作曲线用来对样本（包括控制测定）测定的浓度换算。

用不同批次号的试剂（R1/R2）进行测定的校准结果，分别保存为"新"和"旧"，必要时能够交替使用（批次号能够区分两种）。

（一）校准类型

作为校准类型可以选以下 6 种。
（1）因子：直接输入一元式的斜率。
（2）线性：从多个标准样本的测定结果中求出一元式。

（3）点到点：从多个标准样本中求出各自的测定点间的一元式。

（4）对数 – 分对数：从多个标准样本中求出对数的近似式。

（5）仿样：从多个标准样本中求出 Spline 曲线的近似式。

（6）指数：从多个标准样本中求出指数函数的近似式。

（二）校准的登记／设定

日常的测定中，校准测定用的各参数的设定，在［子菜单］→［定标］→［定标规则］中进行设定。

校准结果的状况确认，从吸光度到浓度的变换模拟等，在［子菜单］→［定标规则］中进行。

（三）稀释定标（serial dilution）设定

将最大浓度的校准样本进行稀释，算出必要数量的标准样本群，进行校准测定。

在［子菜单］→［定标］→［稀释定标］中，对各自必要的标准样本的稀释液量进行自动计算。具体是根据指定的项目测定序号，［定标规则］界面中设定的标准样本数和浓度，对必要的稀释液量进行计算并显示。设定的 Sn（最大浓度）作为基准值。

（四）多项标准品（multi standard）设定

将标准液分配给多个测定项目的方法叫作复合标准品。

进行校准测定前，在［子菜单］→［定标］→［多项定标液］中进行复合标准品样本的设定。

（五）ISE 校准的确认

在［子菜单］→［定标］→［ISE］中，确认 ISE 校准结果。该操作方法只在 ISE 有的时候适用。

六、系统参数的确认

系统中各种各样条件的设定，可以在子菜单的"系统"组中作为系统参数进行设定。进行日常测定工作时，必须事先将系统参数中的各种设定及信息设定登记到系统中。

七、样本申请

实施样本测定前，关于哪个样本测定哪个项目，需要设定测定计划表。这个测定计划表就称为"样本申请"或"测试顺序"。

样本装在样本托盘中，安装在装有试剂瓶的 SRCU 单元中。

样本托盘中装有的各样本（患者样本、标准品、质控样本、空白样本）标记着各自独有的 ID 号码，根据其 ID 来识别样本。因此样本受理，根据各 ID 号码设定进行各项目的检查。

SRCU 单元中为了防止杯内液体的蒸发设有冷却功能，内部可维持在 8～15℃。为了调整样本 ID 号码和测定项目，确定带有特定 ID 号码的样本在卡槽位置后，再进行样本受理设定。

样本受理的设定在［主菜单］→［样本申请］中进行。

本分析仪不能自动识别 SRCU 单元中配置的样本种类。因此为了实施测定，操作者要在［样本申请］中设定样本（一般样本、标准品、质控样本等）的种类及其加入的软管或其杯子的 SRCU 设置卡槽号码。

八、样本的安装

（一）SRCU 中的样本托盘

常规样本、紧急样本、质控样本、标准品等采血管和样本杯，可以安装在分析仪的 SRCU 的样本托盘上。

SRCU 中有两种托盘（样本托盘及试剂托盘），都可以从 SRCU 取下。

（二）STAT 单元

处理紧急样本（STAT 样本）时，托盘设置在仪器主机左侧的 STAT 单元内部。

九、试剂余量的确认

测定开始时，参照试剂余量确认 SRCU 单元的试剂托盘中是否安装好了相关试剂。

在主菜单［试剂信息］中可以确认 SRCU 中安装的试剂种类和余量。

十、反应杯剩余数量的确认

实施测定前，通过目测确认反应杯架上是否补充了必要数量的反应杯。

架内反应杯数不足时，补充充足数量的反应杯，并在［主菜单］→［运行］→［反应杯剩余数］更新反应杯的填充数。

废料桶中使用过的反应杯一定要事先废弃。

十一、测定开始及监控器

（一）测定开始

将界面最上部的功能菜单中的"开始测试"按钮持续按住 1 秒钟以上，测定开始。每个界面都可以进行测定开始，但是原则上要从［主菜单］→［运行］→［状态］界面实行测定开始。

（二）测定状况监控器（运行监控器）

选择［主菜单］→［运行］→［状态］，进入该运行监控界面。

根据需要在测定开始前实施 ISE 校准和灌注时，选择［状态］→［日常维护］界面。样本状态标识见表9-7。

表9-7 样本状态标识

标识表示色	样本状态	标识表示色	样本状态
绿色	取样开始中	白色	取样未实施
蓝色	测定结果高于正常范围	黄色	测试样本未登记
紫色	需要再测定	灰色	测定处理未实施
红色	测定结果中发生错误	浅灰色	条形码未登录（没检测到测试样本）
淡蓝色	测定正常结束	橘色	测定结果低于正常范围

（三）轮次详细监控器（轮次结果）

点击［状态］界面上的［测定结果］，可以确认测定处理中的详细动作情况。

十二、紧急样本追加

（1）点击界面最上部分的［STAT］按钮。

（2）［样本申请］界面会自动表示，紧急样本的测试选项在此界面进行。

（3）选择样本编号列表的紧急样本位置（绿色）在"N"或"E"样本中设定。

对测定结束的紧急样本的测试选项进行修改时，选择"替换"按钮可以变更样本。被设定的紧急样本的命令结束后此按钮才有效。紧急样本的命令在测定结束后不会被自动删除，因此需要这样的操作。

（4）用手轻轻推动分析仪左侧的 STAT 单元，STAT 单元会从分析仪中弹出。向软管架安装需要追加的紧急样本，用手推 STAT 单元收入仪器内。

（5）再次开始测定动作，要连续按［开始测试］按钮1秒钟以上。

第三节　故障排除

一、故障的处理方法

（一）仪器发生故障时须确认的事项

（1）试剂的设置及保存方法；

（2）样本的设置及处理方法；

（3）分析仪的测定步骤；

（4）售后维修工作。

怀疑仪器发生电气故障或机械故障时，可咨询生产厂商（销售代理店），不要擅自拆开仪器，检查仪器内部情况。

（二）测定相关故障时的记录事项

（1）仪器的主机编号；

（2）发生故障的测定项目；

（3）故障的发生情况；

（4）使用的试剂、标准品、质控品的各生产厂商详细信息及批号；

（5）最近的校准测定结果（5~6件）；

（6）最近的质控测定结果（5~6件）；

（7）测定结果。

（三）仪器相关故障记录内容

（1）仪器的主机编号；

（2）使用的软件版本号；

（3）故障相关警报信息的详细内容以及故障发生情况；

（4）其他仪器信息或者维护保养相关信息。

二、启动时发生的故障

（一）仪器未启动时确定项

（1）仪器主机右面的主电源是否为"ON"；

（2）仪器主机的主保险丝是否完好；

（3）连接仪器的电气系统总开关（电线插头）是否插好。

（二）检查主保险丝（必须把仪器主机的主电源设为"OFF"后再进行检查）

（1）从仪器主机的电线插口拔出电源线；

（2）拆卸保险丝座（有2处）；

（3）将拆卸的保险丝更换为配件中自带的新保险丝；

（4）与拆卸旧保险丝时的步骤相反，安装新保险丝；

（5）向仪器主机的插口插入电源线；

（6）将仪器主机的主电源设为"ON"，确认仪器主机是否启动。

三、测定结果的故障

发生测定结果相关故障，能通过是否添加了错误符号或者是否输出了预想外的测定结果来判断。需要排除故障的情况包括：校准结果的错误符号；质控品或者一般样本的测定结果的错误符号；质控品的测定结果在标准值范围外有关校准结果、质控结果，或者一般样本结果，从以下选项中选出适当条件，据此进行检查；所有样本中，某项的测定结果高；所有样本中，某项的测定结果低；随机发生测定结果错误的现象；频繁发生测定结果异常的现象。

（一）试剂、标准品、质控品的设置确认

为了调查测定结果数值高低以及结果不规律的原因，须确认有关试剂、标准品以及质控品的以下项目。

设置试剂、标准品以及质控品时，务必参考使用说明书，按照其指示操作。

1. 有关试剂的设置

（1）试剂录入内容是否发生改变；

（2）设置的试剂有效期限是否已过；

（3）试剂设置步骤是否正确；

（4）试剂设置使用的是否为无菌未加工的脱离子水或者适合的稀释液。

2. 有关质控品的设置

（1）使用分量是否正确；

（2）储藏方法是否正确；

（3）设置前的质控品的有效期限是否已过；

（4）是否使用带有容量校正的移液管设置样本；

（5）设置后的质控品批号的有效期限是否已过；

（6）设置使用的稀释剂是否合适。

3. 有关标准品的设置

（1）批号是否变更；

（2）设置量是否正确；

（3）储藏方法是否正确；

（4）设置前的标准品的有效期限是否已过；

（5）是否使用带有容量校正的移液管设置样本；

（6）设置后的标准品批号的有效期限是否已过；

（7）设置使用的稀释剂是否合适。

（二）所有样本中某项的测定结果高的情况（表 9 – 8）

表 9 – 8　原因及处理方法

原因	处理方法
校准测定结果不正确	确认标准品的设置方法及校准设定恰当，必要时再次进行校准测定
反应盘的温度过高	确认［状态］界面中显示的温度，温度在 37 ± 0.1℃ 范围外时，须联系服务部门
试剂的设置方法不恰当	确认试剂的设置方法
标准品的设置方法不恰当	确认标准品的设置方法

（三）所有样本中某项的测定结果低的情况（表 9 – 9）

表 9 – 9　原因及处理方法

原因	处理方法
试剂已过有效期限	有关试剂的有效期限，参考试剂的使用说明书
试剂的设置方法不恰当	确认试剂的设置方法
试剂没有正确保管	有关正确的保存方法，参考试剂的使用说明书
反应盘的温度过低	确认［状态］界面中显示的温度，温度在 37 ± 0.1℃ 范围外时，须联系服务部门
标准品的设置方法不恰当	确认标准品的设置方法
试剂的分注量过多	确认试剂分注系统的连接部无漏液，无液体下流的现象

（四）随机发生测定结果错误的现象（表9-10）

表9-10 原因及处理方法

原因	处理方法
PT发生污染，堵塞	确认通过［维护］→［日常维护］进行试剂/样本针清洗时，水槽中的试剂/样本针清洗液全部排出
特定的样本管或者样本杯中粘有纤维蛋白	清洗PT试剂/样本针，清除样本的纤维蛋白
外部的供水和供液不充分	确认外部（纯水桶或纯水机）的供水以及供液管正确插入到液面中，或者正确连接，如有问题可咨询服务部门
搅拌不充分	确认搅拌棒在反应杯的中心位置，以正确的速度进行搅拌 同时，确认搅拌棒与反应杯接触的声音无异常，搅拌规则正确

（五）样本的测定结果全项目值都异常的情况（表9-11）

表9-11 原因及处理方法

原因	处理方法
试剂的设置方法不恰当	参照试剂的使用说明书重新设置试剂
试剂已过有效期限，或者污染以及褪色	参照试剂的使用说明书重新设置试剂

（六）数值多为测定结果异常的情况（表9-12）

表9-12 原因及处理方法

原因	处理方法
PT分注系统漏液	确认试剂/样本针及注射器的管连接部分
反应盘温度值异常	确认［状态］界面显示的温度，温度在37 ± 0.1℃范围外时，须联系服务部门
搅拌不充分	确认搅拌棒在反应杯的中心位置，以正确的速度进行搅拌 确认搅拌棒与反应杯接触的声音无异常，搅拌规则正确

四、分析仪的故障

仪器发生故障时按照使用说明书处理。对于使用说明书中没有记载的复杂故障，用户不能自行处理时，可咨询本公司的服务部门。机械相关功能都是通过仪器的计算机控制管理的。仪器发生机械故障时，计算机会立即识别并发出错误信息，通知发生了特定的故障。仪器发生了影响其测定性能的重大故障时，会停止采样或执行紧急停止。在停止采样模式中，仪器继续进行没有收到故障影响的样本的处理，测定完成后停止。当发生了影响所有样本的测定结果的重大故障时，立即执行紧急停止。

第四节　维护

一、清洗及去污

为了避免皮肤直接接触液体，事先戴好医用橡胶手套。开始操作前，务必将仪器的主电源设定为"OFF"。

（一）外部桶

各外部桶（包含系统水桶），由于长时间使用，其内部会粘有污物。因此，按照每月1次的频率，用纯水清洗桶内部。

（1）去除桶内所有的液体或水。

（2）将桶内部用纯水彻底清洗干净。

（3）洗净后，彻底擦干桶内部的水滴。

（二）纯水供给系统的清洗

为了防止供水过程中产生细菌，要对供水系统进行清洗（按照每2周1次的频率）。

点击［维护］→［日常维护］→［配管洗净］按钮，按照显示信息的指示操作，自动执行纯水系统的清洗。

（三）分注系统（PT）

（1）准备沾满酒精的纱布。

（2）手握 PT 单元的把手根部（转动轴附近），向上抬起。

（3）用沾满酒精的纱布擦拭整个试剂/样本针。

从分注系统的上部向下方尖部擦拭。为了保证分析仪能正确动作，试剂/样本针垂直放置非常重要。试剂/样本针未垂直放置时，会导致分注系统破损以及测定数据不准确。酒精具有可燃性，使用时确认周围没有火源。

（4）将 PT 试剂/样本针清洗工具插入试剂/样本针头，清洗试剂/样本针内部。

（5）用沾满中性清洗剂的纱布或纸巾，擦拭 PT 试剂/样本针。

（6）清洗试剂/样本针内部后，点击子菜单的［维护］→［日常维护］，按照以下步骤清洗试剂/样本针。

选择"特殊喷嘴清洗"用的纯水，或 SRCU 内的清洗液，或"DET. W"（PT 清洗液容器）中的某一项，点击［执行］按钮，清洗 PT 试剂/样本针。

（四）搅拌棒（MIX）

（1）准备好沾满酒精的纱布或纸巾。

（2）手握 MIX 单元的把手根部（转动轴附近），向上抬起搅拌棒。

（3）用沾满酒精（或中性清洗剂）的纱布或者纸巾，擦拭整个搅拌棒。此时，特别注意不要使搅拌棒弯曲。

（4）用沾满酒精（或中性清洗剂）的纱布或者纸巾，擦拭 MIX 单元上部的把手外壳。

（五）样本/试剂盘（SRCU）

（1）确认 PT 试剂/样本针不在样本试剂盘（SRCU）区域内。如试剂/样本针在此区域内，手动移开。

（2）取出 SRCU 盘（盘分为样本盘和试剂盘）。

（3）用纱布或纸巾擦拭样本试剂盘（SRCU）的内侧。此时，将内侧的水滴完全擦拭干净。

（4）将 SRCU 盘以及外壳安装到原来的位置。

（六）工作台

用沾满中性清洗液的纱布或纸巾擦拭操作面板的表面。

二、零件更换

一般的零件更换步骤，只说明拆卸步骤。组装步骤基本上与拆卸步骤相反，此处省略不进行说明。

（一）注射器垫片（SPP/RPP/WPP）

注射器柱塞垫片的零件更换步骤，在本仪器的所有注射器中都是共通的。按如下步骤，定期更换零件。

（1）将分析仪主机及操作用计算机的电源设为"OFF"。

（2）打开侧面的维护外壳。

（3）卸掉一个螺丝（M4×22），拆下柱塞块。

只有 SPP 注射器带有柱塞导座，手动旋转柱塞导座，将其从注射器上拆卸下来。

（4）将柱塞向下拔出。

（5）使用尖嘴钳卸下柱塞垫片。

（6）向插入注射器垫片工具的孔中，插入新的柱塞垫片。

（7）手持柱塞，向柱塞垫片的孔中垂直插入。

（8）将带垫片的柱塞涂上硅酮润滑油（信越硅酮制 KF - 96H - 50000cs），插入注射器内，缓慢向上推。

（9）按照与步骤（1）、（2）相反的步骤，将柱塞安装到注射器泵中。

（10）将操作用计算机和仪器主机的电源设为"ON"。

（11）最后，在［维护］→［工作时间］的注射器垫片栏中，点击已更换了零件的注射器相对应的 RPP、SPP 以及 WPP 的重置按钮，重新设置使用时间。

（二）分注系统（PT）和 MIX 搅拌棒

1. 分注系统

手握 PT 单元的把手根部（转动轴附近），向上抬起。PT 试剂/样本针的更换步骤是各项共通的。按照以下步骤更换零件：

（1）将分析仪主机及操作用计算机的电源设为"OFF"。

（2）取下 PT 上部的把手外壳（PT 把手外壳内侧的卡槽部分固定在 PT 把手底部）。

（3）拆掉连接器（J2）。

（4）使用螺丝钳（对边5.5mm）固定试剂/样本针侧螺丝，手动旋转 PT 试剂/样本针螺丝（管侧），并将其拆掉。有时会发生从拆卸掉的管和试剂/样本针的缝隙漏液的现象，用纸巾等擦拭，阻止漏液。

（5）拧开固定试剂/样本针的螺丝（带六角孔的 M3×5），将试剂/样本针向上拔出。

（6）安装新的分注系统试剂/样本针。

按与步骤（3）~（5）相反的步骤进行操作。向试剂/样本针安装连接底部检测用感知板时，不要将带有六角孔的螺丝拧太紧（带六角孔的螺丝接触试剂/样本针后，向右旋转90°左右）。

（7）确认分注系统试剂/样本针的安装状态。

分注系统试剂/样本针垂直安装，同时把分注系统试剂/样本针安装到 PT 把手底部，分注系统试剂/样本针与传感器不连接。

（8）分注系统安装正确时，从分注系统试剂/样本针尖端到 PT 把手底部的长度为130.5mm。

（9）手动上下（箭头方向）移动分注系统试剂/样本针，确认能否顺滑移动。

（10）拿起分注系统把手，将其返回到水槽的位置。

2. MIX 搅拌棒

手握 MIX 单元的把手根部（转动轴附近），拿起搅拌棒。搅拌棒的安装如下：

（1）插入新的搅拌棒，临时停止。

（2）将 MIX 助搅拌工具的 A 部连接到 MIX 把手底部。

（3）搅拌棒的尖端连接到 MIX 助搅拌工具的 B 部，拧紧搅拌棒的组装螺丝。

（三）卤素灯更换步骤

（1）手动拿起试剂分注系统或样本分注系统，将其移到易操作的地方。

（2）拧开 1 个螺丝（M3）和尼龙锁，拆掉 DTR 外壳。

（3）拔掉卤素灯的连接器，卸掉一个螺丝（M3×35），取出灯罩。

（4）握住把手（蓝色部分），拿出灯罩。

（5）拧开卤素灯的附带螺丝（M3×6）2 个，取出灯泡。

（6）按照相反步骤安装新卤素灯。安装时，注意以下两点。

①将灯罩的红色部与成像镜头架的红色部紧密贴合。

②将灯罩的黄色部与成像镜头架的黄色部紧密贴合。

（7）插入连接器插头，安装操作面板。然后，将移走的分注系统返回到水槽位置。

（8）将操作用计算机以及分析仪主机的电源设为"ON"。

（9）最后，点击［维护］→［工作时间］→［卤素灯］→［重置］按钮，重新设置使用时间。

（四）空气过滤器

本仪器的侧面，配置了 2 个空气过滤器，根据需要进行清洗，发生损伤或污染严重时请更换。

（五）电极（ISE 类型 1）

（1）更换电极前，按如下步骤进行准备工作。

①点击界面上部的关闭按钮，长压（1 秒以上）。

②将分析仪主机的电源设为"OFF"。

（2）取下 ISE 维护外壳。

（3）向下按压压板，握住电极把手将电极拔出来。

（4）将新电极插入到指定位置（从上到下按照 Na、K、Cl、Ref 的顺序）。

（六）泵盒（ISE 类型 1）

（1）从 Calibrant A 液袋中拔出管。

（2）操作中，务必事先给 Calibrant A 液袋加上盖子。

（3）［维护］→［日常维护］的［ISE 灌注］中输入 5（执行次数）后，点击［ISE 灌注］按钮执行 ISE Prime，去掉管中的液体。

（4）将仪器主机电源设为"OFF"。

（5）摘掉维护外壳 L。

（6）然后，摘掉 ISE 泵单元外壳。

（7）从各泵盒中每次拔出 2 根，共计 4 根管。

（8）向内侧按压泵盒两端的塞子，从发动机轴中向拔出泵盒。

（9）将新泵盒安装到发动机上。

（10）向泵盒中每次插入 2 根，共 4 根管。此时，新泵盒中没有管标识，因此，参照仪器侧配管的管标识连接。

（11）将操作用计算机和仪器主机的电源设为"ON"。

（12）Calibrant A 液袋中插入管，向［维护］→［日常维护］的［ISE 灌注］中输入"10"（执行次数）后，按下［ISE 灌注］按钮执行 ISE Prime。确认此时 ISE 溶液正常循环，以及各连接场所无漏液。

（13）安装 ISE 泵单元外壳。

（14）安装右侧面的外壳。

（15）最后，点击［维护］→［工作时间］→［ISE 工作时间］→［泵盒］→［重置］按钮，重新设置使用时间。

（七）Calibrant A 液袋（仪器主机的左侧）（ISE 类型 1）

（1）从 Calibrant A 液袋中拔出管，取出包。

（2）拔掉 Calibrant A 液包尖端的连接管，取出使用完的 Calibrant A 液袋包。

（3）将新的 Calibrant A 液包放置在固定的位置，用包自带的连接管连接 Calibrant A 液包和管。

（4）向［维护］→［日常维护］的［ISE 灌注］中输入"10"（执行次数）后，点击［ISE 灌注］按钮进行 ISE Prime 操作。

（5）最后，点击［维护］→［工作时间］→［ISE 工作时间］→［校准液 A］→［重置］按钮，重新设置使用时间。

第十章 远程医疗信息系统

远程医疗（telemedicine）是网络科技与医疗技术结合的产物，它通常包括远程诊断、专家会诊、信息服务、在线检查和远程交流等几个主要部分。它以计算机和网络通信为基础，实现对医学资料和远程视频、音频信息的传输、存储、查询、比较、显示及共享。

第一节 远程医疗系统设计

一、系统设计原则

（一）标准性原则

远程医疗信息会诊中心系统设计应执行国际（HL7、DICOM 等）、国家有关标准或行业标准（卫生部《医院信息系统基本功能规范》2002 年版，卫生部和卫生局关于医院信息系统和电子病历功能规范）。采用的软件平台和软件体系结构，严格遵循国际、国内标准，国际惯例或计算机领域的通用规范。

（二）开放性与可扩张性原则

应用系统设计采用开放式系统平台，以保证不同产品能够集成到应用系统中来，用更小的投资获得更高的性能，同时降低整个系统的开发和维护成本。系统设计考虑了业务未来发展的需要，设计简明，各个功能模块间的耦合度小，便于系统的扩展。对于原有的数据库系统，充分考虑了兼容性，保证整个系统在实际需要时可以平滑地过渡或升级到新系统。系统可与其他外部系统进行无缝互连，并提供相关技术接口和进行技术配合。

（三）经济性与实用性原则

系统充分利用网络的优势，提供传统医院所不能达到的功能，突出高新医院的科技特色，使得医院的管理模式达到科学化、信息化、规范化、标准化，也使基层患者享受到权威专家快捷、迅速、准确的病情诊断服务。

（四）先进性和成熟性原则

使设计系统能够最大限度地适应技术发展变化的需要，确保系统的先进性。

（五）系统可维护性原则

系统具有良好的架构，系统分模块化开发完成，使得局部的修改不影响全局和其他部分的结构和运行，并利用成熟可靠的技术或产品管理系统的各组成部分。

（六）系统可靠性和安全性原则

医院信息系统每天需要采集大量的数据，并进行处理，任何的系统故障都可能带来不可估量的损失，这就要求系统具有高度的可靠性。远程医疗信息系统采用成熟、稳定、可靠的软件技术，可以确保系统长期安全地进行。

二、设计系统架构和组网方案

在医疗仪器数字化的基础上通过对数据采集、传输和存储技术的研究，设计了农村远程医疗系统架构和组网方案，长海县三级医疗远程会诊网络组成如图 10-1 所示。系统可实现基层三级医疗网络远程会诊，并可与上级医院内各相关信息系统对接，具有如下功能：

（1）会诊网络管理系统整合电子病历、心电系统图像及信息的调阅、显示功能，并提供免费的 Web Services 及其他接口类型，与院内及基层医院的电子病历及心电系统进行对接（需要相关厂商及院方工程师协同），定制显示医院所要求调阅的内容。提供不同信息系统的报告模板，使会诊专家能及时下发会诊意见。

（2）远程系统完全遵从 DICOM3.0 和 HL7 国际标准，整个系统均在 IHE 技术框架下集成、开发和测试，具有高安全性、可靠性、兼容性和持续扩展性。

（3）超声、内窥镜等凡是具备标准的 DICOM 接口的设备，均可接入到远程会诊平台前置 PACS 服务器，从而实现超声、内窥镜等设备图像的集中存储，可实时调阅会诊。

（4）远程医疗信息会诊平台系统可同时与基层医院及上级医院的心电、电子病历、超声、内窥镜、病理、生化、PACS 影像等系统进行对接，以实现对远程影像、病理、心电等进行专业会诊，会诊意见报告也可及时下发到基层医院，使患者得到最佳的诊断、治疗方案。

（5）可提供免费的 Web Services 接口服务与医院 HIS 系统对接（需要相关厂商及院方工程师协同）。

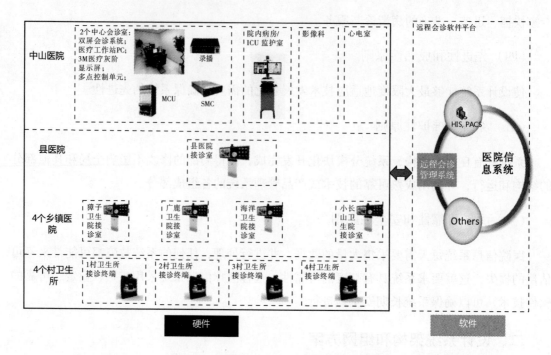

图 10 - 1   长海县三级医疗远程会诊网络组成

三、基于 IHE 技术框架实现工作流集成

WFM（workflow management）工作流管理是支撑业务流程再造的一种软件技术。工作流是指整个或部分业务过程在计算机支持下的全自动或半自动化。工作流关注的主体是过程，它将信息处理中的过程抽出来，研究其结构、性质及实现等。解决的主要问题是使多个参与者之间按照某种预定义的规则传递文档、信息或任务的过程自动进行，从而实现某个预期的业务目标，以促使此目标的实现。

工作流管理系统（如图 10 - 2）的工作一般分为三个阶段：

（1）模型建立阶段，利用工作流建模工具，按照活动和状态图对过程进行建模，按照组织单元和工作流参与者对组织进行建模，将企业的实际业务过程转化为计算机可处理的工作流模型；

（2）模型实例化阶段，给每个过程设定运行所需的参数，并为每个活动分配所需要的资源，匹配工作流参与者和活动；

（3）模型执行阶段，完成业务过程的执行，给应用程序提供工作列表，主要是完成人机交互和应用的执行。

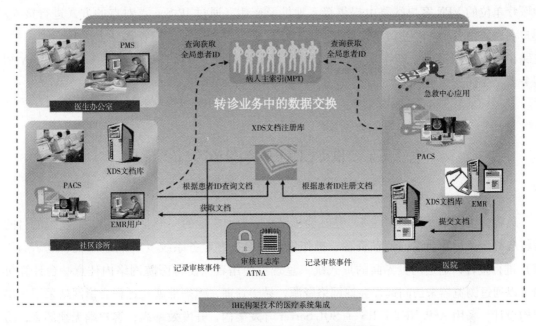

图 10 – 2 IHE 构架技术的医疗系统集成

四、安全通信技术

在整个网络建设中，要前瞻性地统筹考虑基层卫生机构、数据中心、上级数据中心之间的互操作性。整个数据中心网络采用的是用作 VPN 服务器的对外访问地址。各级医疗机构通过在公网上建立 IP-SEC VPN 虚拟隧道接入。

在安全性方面 VPN 服务器（VPN 防火墙）具备网络防火墙功能，并通过多层加密技术加密，如：隧道技术（tunneling）、加解密技术（encryption & decryption）、密钥管理技术（key management）、身份认证技术（authentication），对接入的专网数据安全防范；同时，对客户端 VPN 路由等设备也启用严格的安全策略，以保证基层医院与数据中心交互的安全性。

在用户身份验证安全技术方面，VPN 通过使用点到点协议（PPP）用户级身份验证的方法来进行验证，这些验证方法包括：密码身份验证协议（PAP）、质询握手身份验证协议（CHAP）、Shiva 密码身份验证协议（SPAP）、Microsoft 质询握手身份验证协议（MS-CHAP）和可选的可扩展身份验证协议（EAP）。

在数据加密和密钥管理方面，VPN 采用微软的点对点加密算法（MPPE）和网际协议安全（IPSec）机制对数据进行加密，并采用公、私密钥配对的方法对密钥进行管理。MPPE 使 Windows 95、Windows 98 和 NT 4.0 终端可以从全球任何地方进行安全通信。MPPE 加密确保了数据的安全传输，并具有最小的公共密钥开销。以上的身份验证和加密手段由远程 VPN 服务器强制执行。对于采用拨号方式建立 VPN 连接的情况下，VPN 连接可以实现双重数据加密，使网络数据传输更安全。

通过 VPN 服务器（VPN 防火墙）设备向外提供对外的 VPN 服务接口，如果允许，向其他医疗单位的 VPN 客户端路由提供接入地址及密钥，通过 IP-Sec 点对点的方式进行接入。用户名密码由各个 VPN 服务器（VPN 防火墙）进行管理维护。VPN 服务器无须专人维护，在路由器重启或链路中断恢复后，可以通过路由器 IPSec VPN 自动连接至 VPN 网络，VPN 服务器不受任何影响。

第二节　医疗信息会诊网会诊流程

远程会诊网站（如图 10-3）是在会诊网络平台上实现的一个业务系统，该系统的目的是将各种涉及远程会诊的信息资源、操作流程和第三方业务系统（如病理系统、电子病历等）进行整合，通过网页界面的形式统一呈现给使用者，使得医院网络内任意一台计算机均可以通过浏览器来访问远程会诊网络资源，易于管理，无须部署。远程会诊网站采用三层架构设计，采用 ASP. NET + IIS + SQL Server 开发架构，开发效率高，客户端无须部署，易于维护，同时可利用 . net 平台技术整合调用其他第三方系统的数据，如 PACS 系统，病理系统、电子病历等。

一个完整的远程会诊流程具备五个步骤：会诊申请、资料审核、会诊安排、实施会诊、会诊报告，会诊流程如图 10-4 所示。在每个环节中都可以用相应的计算机系统、软件或模块进行信息处理工作。

一、会诊申请

会诊申请是指下级医院的临床医生对患者的疾病治疗不能确定时，向上级医院的专家提出协助的请求。会诊申请可以由临床医生提出，也可以由患者提出。主要包括会诊申请建立、会诊资料采集、会诊申请提交和会诊申请修改功能。

二、资料审核

会诊资料审核是指会诊管理中心的工作人员和会诊医院的专家，对下级医院提交的会诊资料进行审核，以确定会诊资料符合会诊要求。

三、会诊安排

会诊安排是指会诊医院根据会诊申请的时间要求和本院专家的会诊排班情况，确定参与会诊的专家和会诊时间，并通知会诊管理中心和会诊申请医院。

图10-3　远程医学会诊中心网站平台

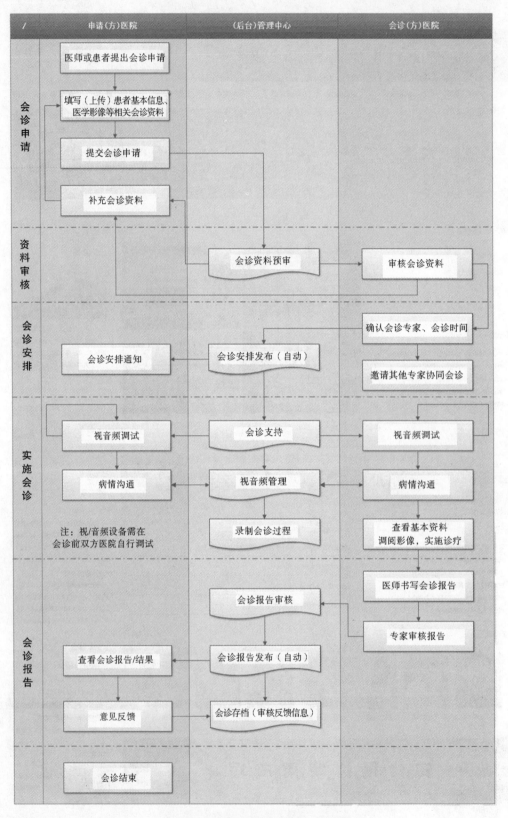

图 10-4 远程医学信息会诊流程图

四、实施会诊

远程会诊过程中，会诊医院的专家和申请会诊的临床医生、患者，通过视频进行实时病情沟通，专家调阅患者病程资料、影像资料，提出治疗意见供申请医生参考。

五、会诊报告

报告发布是会诊专家编写会诊报告（可能是疾病诊断报告，也可能是治疗计划、手术计划等），会诊管理中心审核报告格式、内容后发布给会诊申请医生，会诊申请医生根据报告内容编制符合申请医院规范的报告并交付患者。

六、报告阅读

申请医生根据上级医院的会诊意见，给患者提供最佳的治疗方案。

七、意见反馈

申请医师根据患者最终的治疗结果，对会诊结果进行评价反馈。

第三节 远程医学会诊网操作

一、注册

（一）网站平台界面

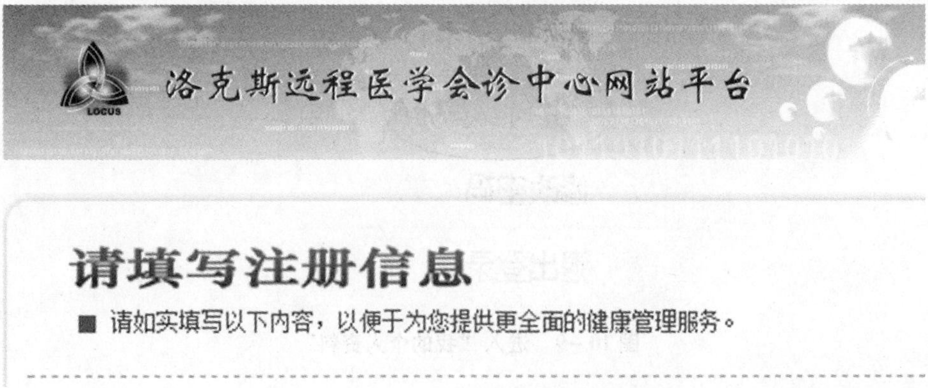

洛克斯远程医学会诊中心网站平台

请填写注册信息

■ 请如实填写以下内容，以便于为您提供更全面的健康管理服务。

图 10 - 5　进入平台界面，填写注册信息

（二）选择注册类型

注册类型：　●申请方○会诊方

图 10 – 6　注册类型

（三）认真填入注册信息，并同意条款后即可注册成功

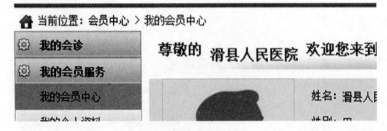

图 10 – 7　提交注册信息

（四）当显示"尊敬的……"时，即表示注册成功

图 10 – 8　注册成功

（五）个人资料完善，选择页面左侧的［我的会员服务］中的［我的个人资料］

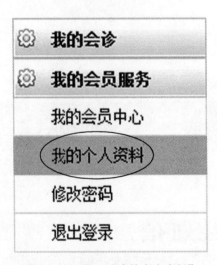

图 10 – 9　进入"我的个人资料"

（六）此时可以看到资料基本为空，点击页面右上方的［修改］图标，进入修改页面

图 10 – 10 修改页面

（七）填写相关信息并上传头像

图 10 – 11 上传头像

（八）填写并上传完成后，点击下方的［修改］即可

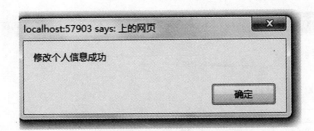

图 10 – 12 完成修改

（九）修改成功后，页面提示"修改个人信息成功"

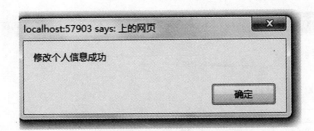

图 10 – 13 修改个人信息成功后的界面

（十）点［确定］按钮后，页面进入［我的个人资料］，可看到修改后的资料信息

二、申请会诊

若您是首页登录用户，可直接选择页面上方的［进入会员管理中心］即可进入会员管理页面。

图 10 - 14　进入会员管理页面

（一）点击页面左侧［我的会诊］中的［我要申请会诊］

图 10 - 15　我要申请会诊

（二）进入［申请会诊］页面，填写相关信息

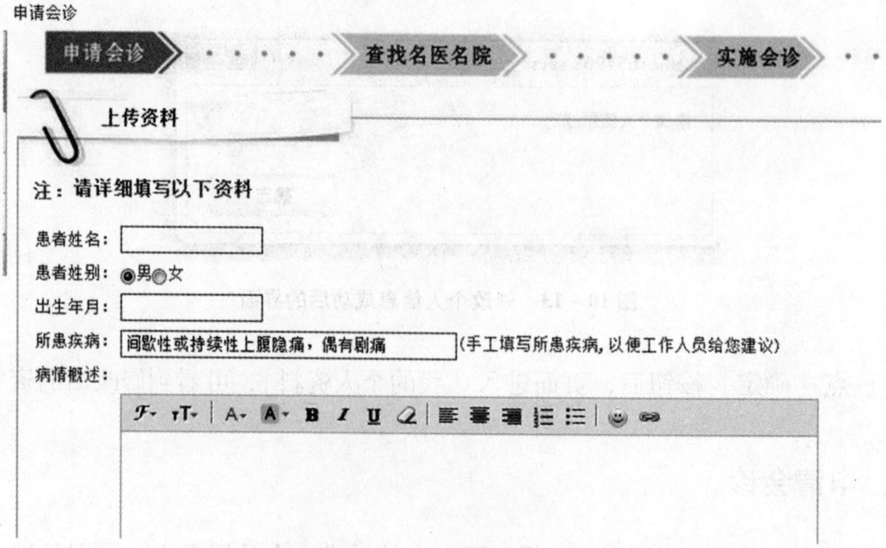

图 10 - 16　"申请会诊"界面

1. 注意此处为必填项，并且所填内容不能与默认内容相同

图 10-17 填写"必填项"

2. 上传相关病情的图像资料信息

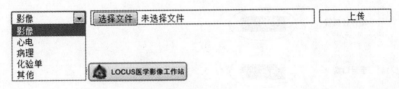

图 10-18 图像资料上传

3. 也可以连接到工作站中

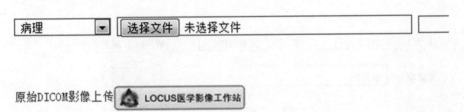

图 10-19 工作站连接

（三）点击［下一步］则提示您［添加成功］，并自动跳转到查找［名医/名院］页面，选择［查找名医］或者［查找名院］

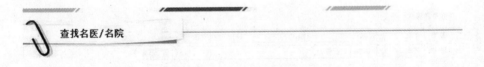

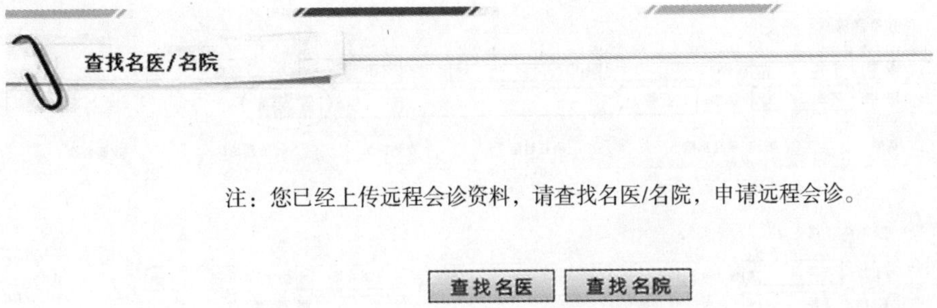

注：您已经上传远程会诊资料，请查找名医/名院，申请远程会诊。

图 10-20 查找名医、名院

1. 检索名医：根据地区、疾病、相关医生名字搜索网站注册名医

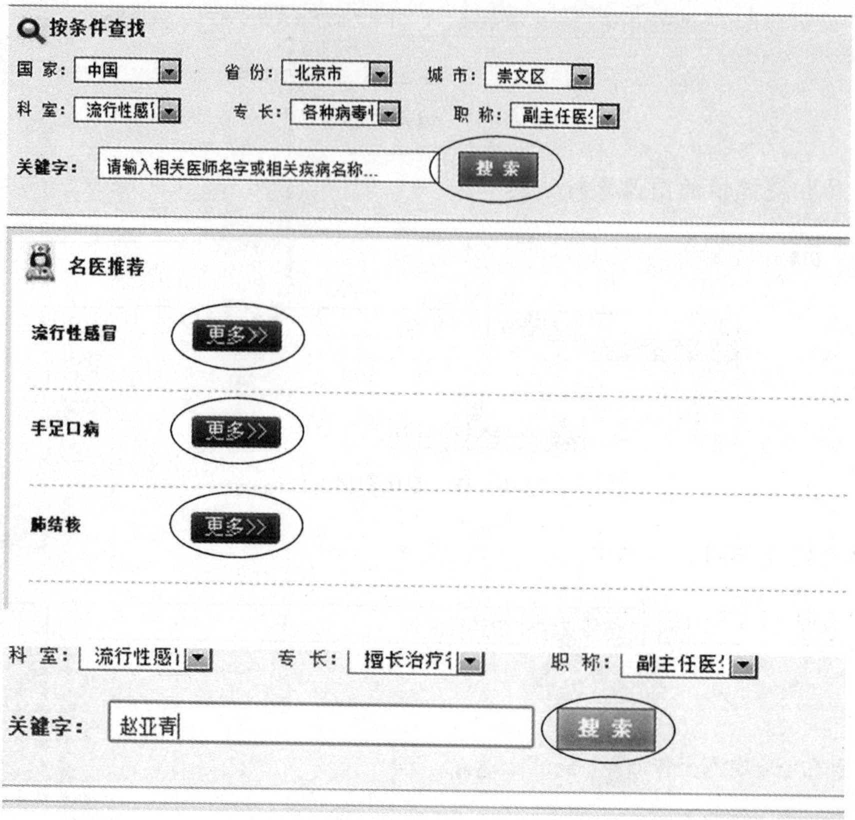

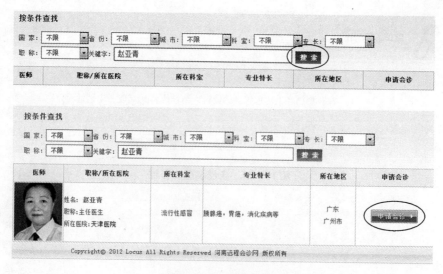

图 10-21　名医检索

2. 点击搜索，进入 [搜索名医] 页面，如图 10-22 所示，点击 [搜索] 按钮则页面下方自动显示查询结果

图 10-22　查询结果

3. 点击表格右边的［申请会诊］按钮，可看到先前添加的患者信息，也可以浏览之前上传的病情图片

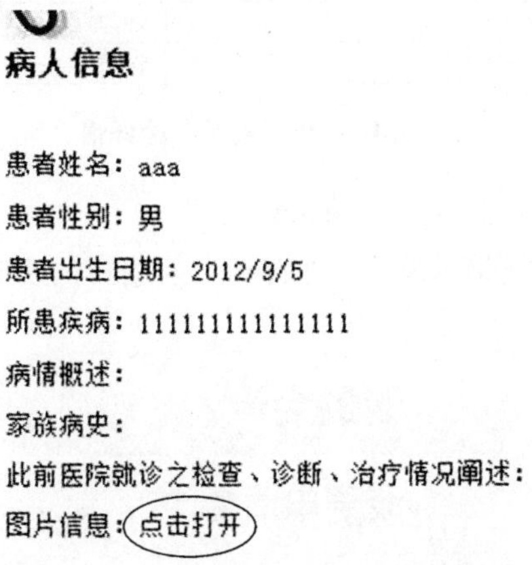

病人信息
患者姓名：aaa
患者性别：男
患者出生日期：2012/9/5
所患疾病：111111111111111
病情概述：
家族病史：
此前医院就诊之检查、诊断、治疗情况阐述：
图片信息：点击打开

图 10－23　显示先前添加的患者信息

4. 可在线与选择的医生进行信息交流，对话

信息交流
确　定

图 10－24　在线信息交流页面

5. 此时可在左侧［我的当前会诊］中，看到当前会诊列表

当前位置：会员中心 > 申请会
我的会诊
我要申请会诊
我的当前会诊
我的病情资料
我的历史会诊
我的会员服务

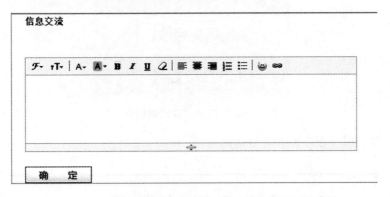

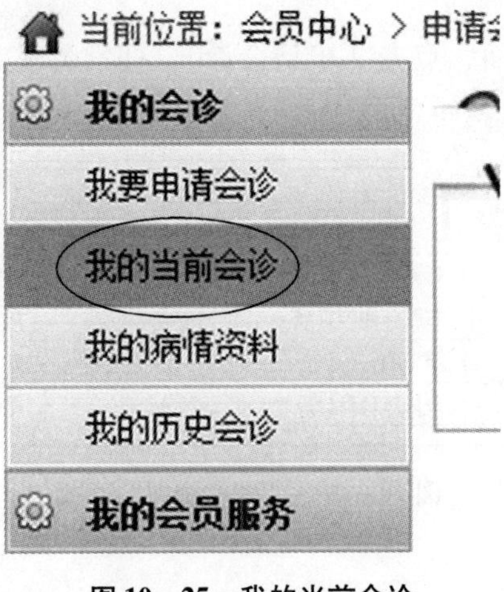

图 10－25　我的当前会诊

6. 点击［查看］，可看到刚申请的会诊详情与交流内容

编号	添加时间	标题	会诊方	操作	报告
29	2012-09-19	111111111111111	赵亚青	查看	

图 10 - 26　查看会诊详情

注意：也可以通过以下方式查看申请会诊记录。

点击页面左侧的［我的病情资料］，可看到当前用户的所有会诊记录。

图 10 - 27　打开"我的病情资料"

或者在会员管理页面首页查看申请的会诊。

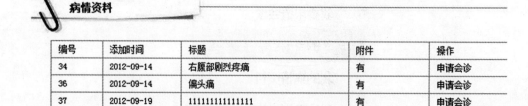

图 10 - 28　会员管理页面首页查看申请的会诊记录

可进入［病情资料］页面，点击［申请会诊］，搜索名医，找到名医，申请即可。

病情资料

编号	添加时间	标题	附件	操作
34	2012-09-14	右腹部剧烈疼痛	有	申请会诊
36	2012-09-14	偏头痛	有	申请会诊
37	2012-09-19	111111111111111	有	申请会诊

图 10 - 29　"病情资料"页面

三、会诊方查看处理会诊

（一）会诊方式注册与上述基本相同，注意［注册页面］中［注册类型］为会诊方

图 10 - 30　注册类型

（二）点击［进入会员管理中心］，在［我的个人资料］中，修改资料，提交个人信息

图 10 - 31　进入会员管理中心

（三）查看医生信息，及会诊申请提示

图 10 - 32　查看医生信息

（四）点击上图所指的数字，可进入［当前会诊］页面

图 10 - 33　当前会诊界面

（五）可看到与申请方（患者）的信息交流内容，以及申请方的上传文件，也可以连接工作站

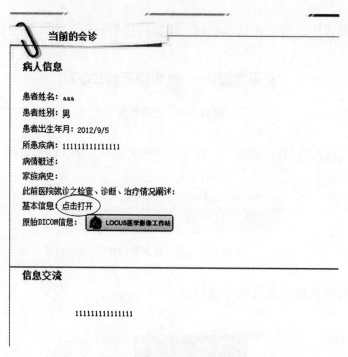

图 10 – 34　查看申请方信息

（六）页面下方的［确定］和［结论报告］

确定：将输入内容发送给申请方。

结论报告：将内容作为诊断结果发送给申请方。

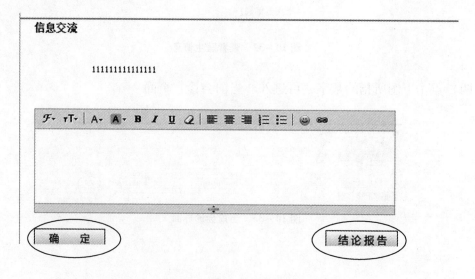

图 10 – 35　信息交流

（七）点击［结论报告］提交成功后，返回的当前会诊列表中，记录为空

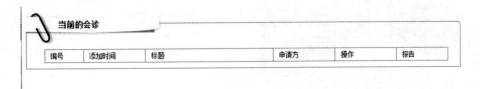

图 10 – 36 提交"结论报告"后的界面

（八）选择左侧的［我的当前会诊］，则看到此次会诊的报告状态为"已报告"，这是因为申请方还未看到报告

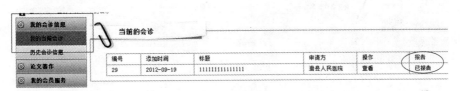

图 10 – 37 查看会诊的报告状态

（九）申请方登录后，进入［会员管理中心］，可看到如下界面

图 10 – 38 申请方查看报告界面

（十）点击查看报告内容

图 10 – 39 申请方查看报告内容

（十一）查看以后，当前会诊列表为空，可在［我的历史会诊］中，找到已经有结论报告的会诊记录

图 10 – 40 为申请方看到的内容。

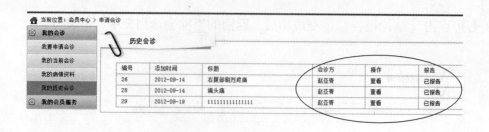

图 10 - 40　申请方看到的会诊记录

图 10 - 41 为会诊方看到的内容。

图 10 - 41　会诊方看到的会诊记录

（十二）点击［查看］可浏览患者病情信息及信息交流历史记录，点击［已报告］，可查看报告内容

编号	添加时间	标题	申请方	操作	报告
26	2012-09-14	右腹部剧烈疼痛	滑县人民医院	查看	已报告
28	2012-09-14	偏头痛	滑县人民医院	查看	已报告
29	2012-09-19	11111111111111	滑县人民医院	查看	已报告

图 10 - 42　会诊方浏览患者历史会诊记录

四、网站其他模块

（一）会诊类型

在网站的标题导航中，会诊平台、网络会诊、本院会诊是按会诊类型分成的三大模块。

图 10 - 43　网站标题导航

（1）会诊平台：根据地区规划连接 I-View 工作站进行会诊。

（2）网络会诊：会诊方与申请方通知本网站直接对话交流，也可以连接工作站交流。

（3）本院会诊：医院内部通过网站或者 I-View 工作站进行会诊。

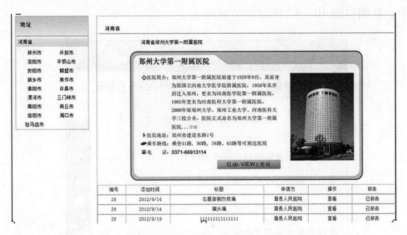

图 10-44　启动 I-View 工作站

（二）继续教育

可按［关键字］搜索继续教育文件信息，提供下载功能，用户可直接下载学习。

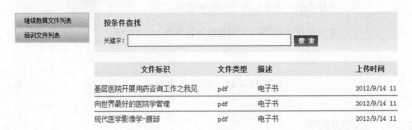

图 10-45　继续教育文件下载

（三）新闻中心

新闻中心显示最近的新闻动态，点击其中一条，可查看该新闻内容。

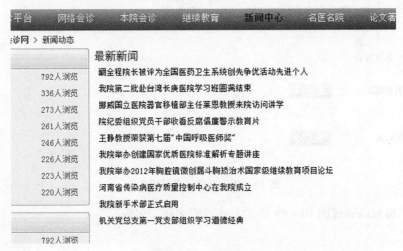

图 10-46　新闻中心

— 181 —

在首页中，新闻以图 10 - 47 所示的方式显示。

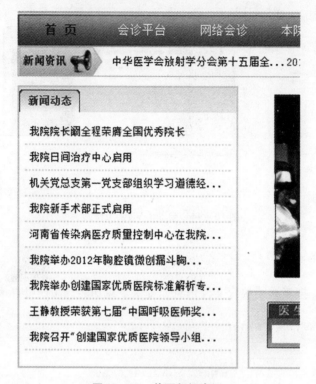

图 10 - 47　首页新闻资讯

（四）名医、名院的搜索

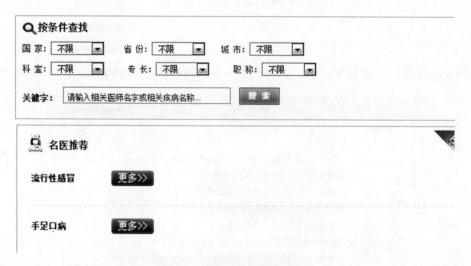

图 10 - 48　名医、名院搜索

首页中，也可以通过图 10 - 49 所示方式搜索名医、名院。

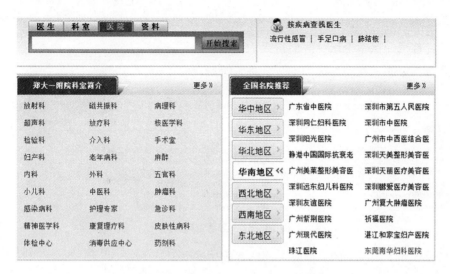

图 10 – 49 首页中名医、名院搜索

（五）论文著作

论文著作同样提供搜索与下载功能，对相关内容感兴趣的用户，可直接下载阅读，也可以在线浏览

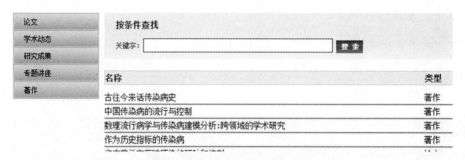

图 10 – 50 论文著作搜索与下载

（六）医学论坛

进入论坛系统，可在线发帖交流。

图 10 – 51 医学论坛

1. 进入论坛

（1）通过首页［医学论坛］导航进入。

（2）点击首页的［互动专区］部分，进入论坛。

图 10-52　互动专区

（3）当看到如下图所示的页面时，论坛就成功进来了。

图 10-53　进入论坛

2. 注册、登录论坛账号

论坛是独立于会诊网的一个系统，所以要用专用的账号才能登录使用。

（1）刚进入论坛的用户，所用的角色是"游客"，这与其他网站论坛是一样的。

（2）选择页面右方的［注册］。

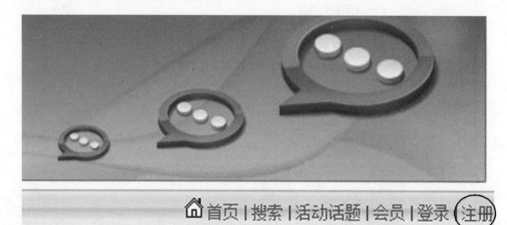

图 10-54　注册账号

（3）进入论坛注册界面。

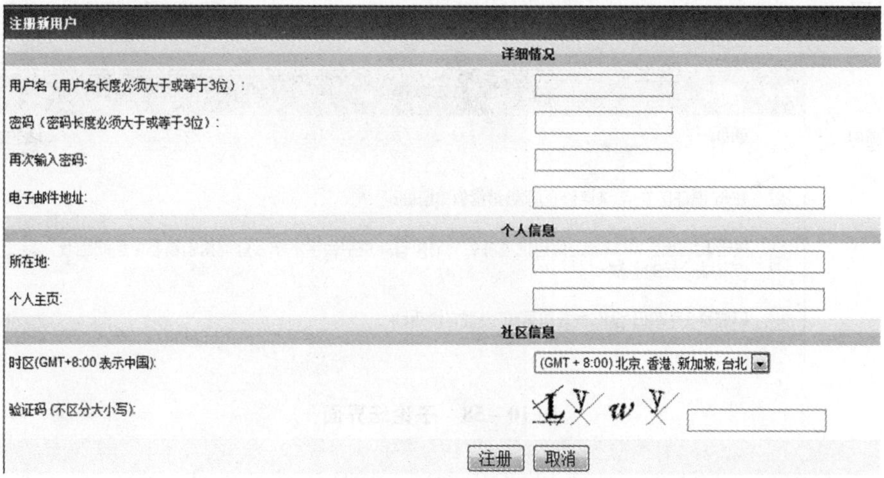

图 10 - 55 注册界面

（4）填写好信息内容，点击下方的［注册］按钮。

（5）注册成功后，进入登录界面。

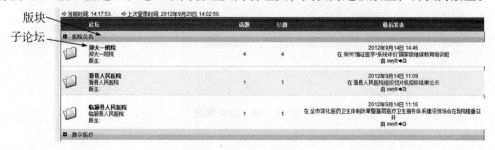

图 10 - 56 登录界面

（6）输入用户名、密码登录成功后，可在页面左侧看到欢迎语。

3. 论坛发帖

论坛分为不同版块，版块内有子论坛，在子论坛内新发表的文章就叫主题，在主题下面回复称为回帖，不属于主题。一般情况下注册的账号可以全论坛通用，但是有些子论坛因设置浏览权限可能不能进入。论坛最高管理员为管理员，其次为超级版主，再次为版主。

版块
子论坛

图 10 - 57 论坛界面

（1）点击子论坛页，则发表主题帖，如图 10 - 58 所示，点击"郑大一附院"，则进入下面的页面。

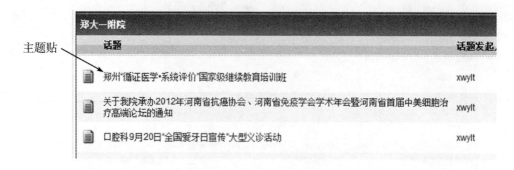

图 10 - 58　子论坛界面

（2）点击其中一个帖子，则进入帖子，第一个发帖的，就是主题，发帖人称为"楼主"。

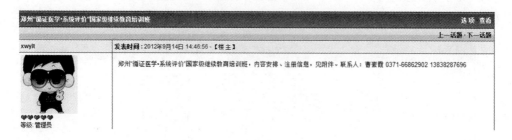

图 10 - 59　帖子界面

（3）其他人可以在下方回复主题，如下图所示的"快速回复"。

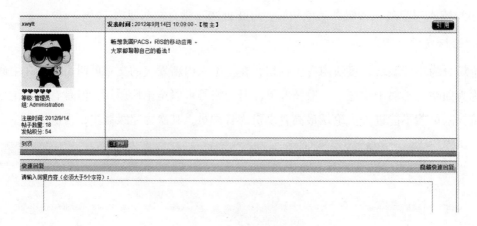

图 10 - 60　回帖界面

（4）当然也可以发表新话题，或者跳转到其他子论坛。

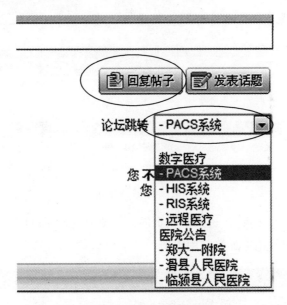

图 10 – 61　发表新话题

（5）若是想引用其他人的观点，可以点击对应此人右侧的［引用］按钮。

图 10 – 62　引用他人观点

（6）也可以用"悄悄话"功能，将想说的话发给其中的一个人。

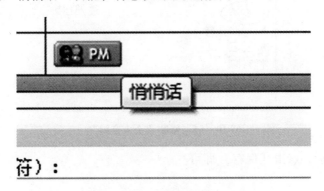

图 10 – 63　"悄悄话"功能

悄悄话功能类似于邮箱，用户可以在［收件箱］看到对方发送的内容。

4. 点击［个人配置］，进入［邮箱］页面

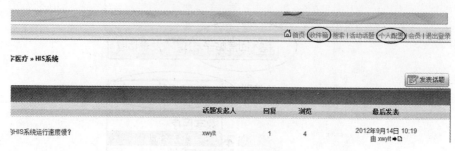

图 10 - 64　个人配置

也可以直接点击［收件箱］，进入邮箱页面，如图 10 - 64 所示。

（1）邮箱页面使用与正常邮箱使用类似。

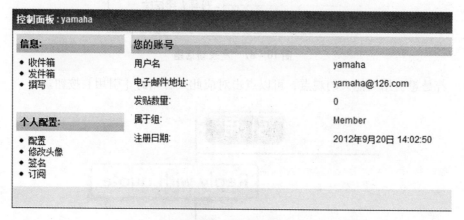

图 10 - 65　邮箱

（2）选择［配置］，可修改［个人资料］，也可以修改密码。

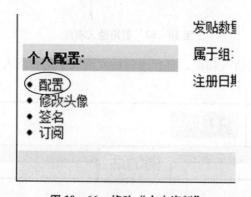

图 10 - 66　修改"个人资料"

（3）修改完成后，点击［保存］即可。

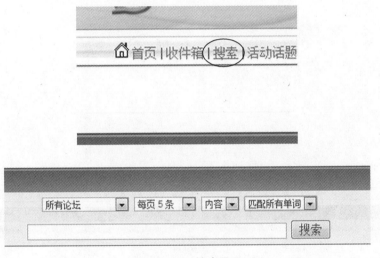

图 10 - 67　保存修改

5. 点击［搜索］，可在本论坛中搜索与所填内容相关的帖子或回复内容

图 10 - 68　搜索界面

6. 点击［活动话题］

图 10 - 69　活动话题

选择"自从……"时间范围，可查看该时间范围内发表的帖子。

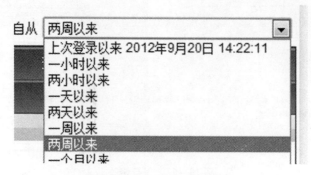

图 10 – 70　选择时间范围

7. 点击［会员］，可看到各个用户的发帖记录

图 10 – 71　"会员"功能

效果如下：

# A B C D E F G H I J K L M N O P Q R S T U V W X Y Z			
会员			
▲用户名	等级	注册时间	发帖数量
aabc	初级会员	2008年8月17日	0
abc	初级会员	2008年8月17日	0
admin	管理员	2008年4月28日	-38
Guest	客人	2008年4月28日	0
helloworld	1星级会员	2008年5月16日	-10
jacky	初级会员	2008年12月14日	1
xwylt	管理员	2012年9月14日	18
yamaha	初级会员	2012年9月20日	0

图 10 – 72　会员界面

　　点击其中一个人的用户名，可看到该用户有关信息以及发帖统计，并且可以给该用户发送"悄悄话"。

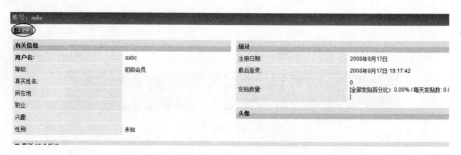

图 10 – 73　发送"悄悄话"

8. 管理员登录论坛时，增加了［后台管理］和［版主审核］两个功能

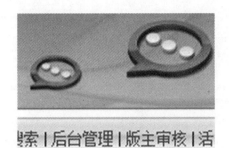

图 10 - 74 管理员论坛界面

点击［后台管理］，进入论坛管理页面。

主机管理	在线用户列表		
论坛主机设置	**用户名**	**IP地址**	**位 置**
论坛版块设置	admin	127.0.0.1	/default.aspx
管理配置	Guest	192.168.1.181	/luntan/default.aspx
在线用户统计	Guest	192.168.1.152	/luntan/default.aspx
论坛设置			
论坛列表	未验证用户列表		
IP黑名单	**用户名**	**Email 地址**	**位 置**
微笑图标	全部删除		
禁用单词过滤			
组（角色）和用户	统计		
权限设置	帖子数:	19	每天平均帖子
组（角色）	主题数:	18	每天平均主题
查询用户	用户数:	8	每天平均用户
用户等级列表	版块开始日期:	2008/4/28 (1,610 days ago)	数据库大小
发送邮件	上述统计数据不包含已经删除的帖子和主题.		
数据维护			

图 10 - 75 后台管理界面

（1）论坛主机设置。

主机管理	主机设置	
论坛主机设置		**论坛主机设置**
论坛版块设置	**MS SQL Server 版本:** MS SQL Server 正在运行的版本信息.	Microsoft SQL Server 2005 - 9.00.1399.06 (X Copyright (c) 1988-2005 Microsoft Corporati on Windows NT 6.1 (Build 7600:)
管理配置	**时区:** Web server 所在时区.	(GMT + 8:00)北京, 香港, 新加坡, 台北
在线用户统计	**论坛邮件地址:** 在给用户发送Email时, 显示的发送地址.	entlibforum@hotmail.com
论坛设置	**需要Email验证:** 如果不选择, 表示不需要验证用户Email地址.	☐
论坛列表	**显示已移动的主题:** 如果选择, 在主题移动后, 仍留下一条记录指向新的主题	☑
IP黑名单	**在新窗口打开链接:**	☐
微笑图标		
禁用单词过滤		
组（角色）和用户		
权限设置		

图 10 - 76 论坛主机设置

（2）论坛广告设置。

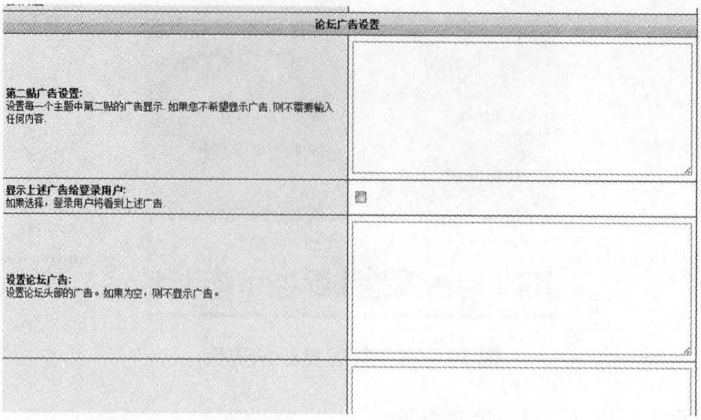

图 10 - 77　论坛广告设置

（3）编辑/格式化设置，权限设置。

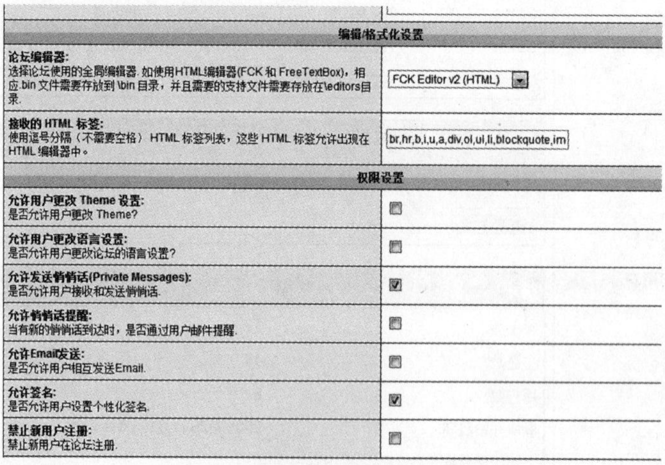

图 10 - 78　编辑/格式化设置，权限设置

（4）邮件服务器设置，个人图像设置。

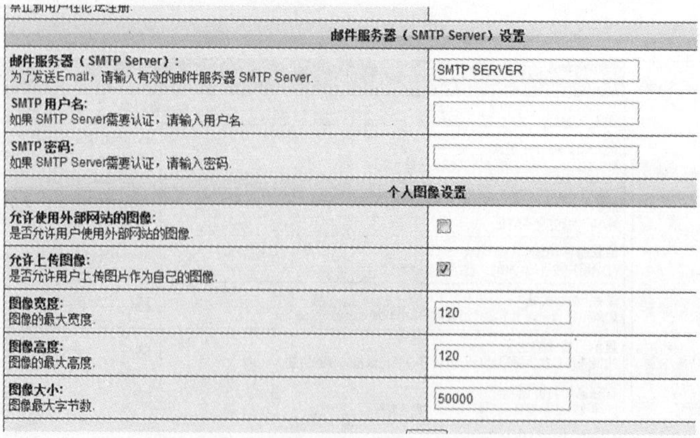

图 10 - 79　邮件服务器设置，个人图像设置

（5）编辑完成后，按［保存］按钮即可。

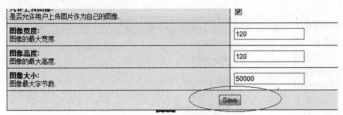

图 10-80 保存设置

（6）论坛版块设置，可查看当前版块，并添加新的版块。

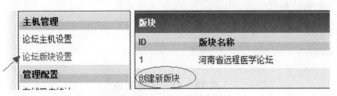

图 10-81 创建新版块

（7）在线用户统计，可查看当前在线用户人数列表。

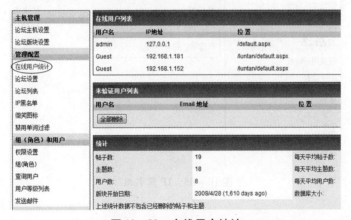

图 10-82 在线用户统计

（8）论坛设置。

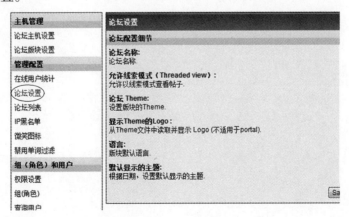

图 10-83 论坛设置

（9）论坛列表，查看并编辑版块中的子论坛，以及子论坛下的目录。

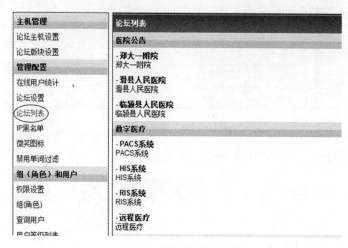

图 10-84　论坛列表

（10）IP 黑名单，将某非法用户的 IP 封掉，禁止访问本论坛。

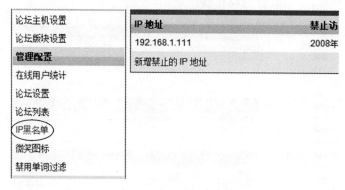

图 10-85　IP 黑名单

参考文献

［1］安海娟，王志红，张雪，等．隐性知识视角下的河北省农村医疗现状调查分析［J］．科技信息，2013（26）：45-45.

［2］丁少群，尹中立．农村医疗保障：新型农村合作医疗该向何处去［J］．中国卫生经济，2005，24（3）：20-23.

［3］成昌慧．新型农合作医疗制度需方公平性研究［M］．北京：经济科学出版社，2009.

［4］范义东．未来医疗发展趋势——数字化医疗［J］．中国数字医学，2008，3（5）：29-31.

［5］傅征，梁铭会．数字医学概论［M］．北京：人民卫生出版社，2009.

［6］李兰娟．数字卫生建设与医疗卫生改革［J］．中国卫生信息管理杂志，2010，6（1）：9-10.

［7］刘春生．医院门诊数字化建设的构想与运用［J］．中华医院管理，2008：24（1）：17-18.

［8］刘德香，马海燕，郭清．我国电子健康档案建设面临的问题及对策［J］．医学信息杂志，2010，31（6）：1-4.

［9］任建萍．农村卫生适宜技术推广综合评价研究［M］．武汉：华中科技大学，2010.

［10］王丽伟，曹锦丹，王伟．医学信息人才在卫生信息化领域的供需差距与对策［J］．中国高等医学教育，2010，8：1-2.

［11］王小合，郭清，刘婷婕，等．县级医务人员医院信息化需求、利用及满意度分析［J］．健康研究，2010，5：334-338.

［12］王庆．做强作优辽宁数字医疗设备产业的五大着力点［J］．辽宁经济，2013，9：4-10.

［13］孙德刚．国内外数字化医疗设备发展现状与趋势［J］．机器人技术与应用，2003，1：10-13.

［14］王保真，李琦．医疗救助在医疗保障体系中的地位和作用［J］．中国卫生经济，2006，01：40-43.

［15］肖兴政，张帧，陈敏．湖北省农村卫生信息化建设的现状与问题［J］．中国数字医学，2012，07（2）：49-50.

［16］刘艳，颜亮．农村医疗信息化问题探讨［J］．现代农业，2008，06：88-89.

［17］赵德伟．为农村开发设计的远程医疗援助系统［J］．医院管理论坛，2008，05：60-64.

［18］王志红，张更路，安海娟．基于Web的农村医疗卫生案例库系统设计方案研究［J］．中国数字医学，2013，11：46-48.

［19］王行高，王玉珍，程君．医院信息化在医院整体建设中的作用和发展方向［J］．中国医疗设备，2009，02：90-92.

［20］李兰娟．数字卫生：助推医改服务健康——中国数字医疗的现状与展望［J］．中国实用内科杂志，2012，06：401-404.

［21］张莫．数字医疗系统研究进展［J］．人民军医，2011，01：57-58.

［22］林华．中国农村经济现状分析［J］．金融经济，2006，03：9-10.

［23］黄雪群．农村居民医疗需求影响因素分析［J］．合作经济与科技，2010，02：114-115.

［24］孙健，舒彬孜，申曙光．我国农村居民医疗需求影响因素研究［J］．农业技术经济，2009，03：60-66.

［25］张翔．农村偏远地区远程医疗援助系统的设计与实现［D］．大连：大连理工大学，2013.

[26] 金开宇，彭晨辉，李则河．关于远程医疗的探讨［J］．中国医院管理，2009，07：65.

[27] 黄子通，杨正飞．中国远程医疗的现在与未来［C］．广东省生物医学工程学会成立30周年纪念大会暨2010广州（国际）生物医学工程学术大会，2010.

[28] 张志彬．远程医疗的应用及发展现状研究［J］．医疗装备，2008，12：4－6.

[29] 王忠民，王虹．关于远程医疗发展的探讨［J］．中国医学教育技术，2006，06：546－548.

[30] 杨勇，彭承琳．国外远程医疗发展近况［J］．医疗卫生装备，2005，01：19－20.

[31] 徐庐生，唐慧明．从信息技术看我国远程医疗的发展［J］．中国医疗器械信息，2006，01：33－37.

[32] 李强，刘金平．欧洲远程医疗的发展及现状［J］．软件世界，2002，06：105－107.

[33] 牟岚，金新政．远程医疗发展现状综述［J］．卫生软科学，2012，06：506－509.

[34] 周俊，连平，姜成华，等．军用远程医疗发展现状［J］．解放军医院管理杂志，2001，02：92－93.

[35] 郭雪清，金红军，王光华．远程医疗会诊车在抗震救灾中的应用与思考［J］．医疗卫生装备，2009，09：112－113.

[36] 侯小丽，陈谊秋．远程医疗的研究现状与发展前景［J］．中国医疗器械信息，2013，07：9－11.

[37] 闫强，何大卫．远程医疗的发展及应用［J］．生物医学工程学杂志，1998，04：109－112.

[38] 秦笃烈．世界上第一个外科手术机器人系统——达芬奇机器人手术系统引起外科技术革命（上）［J］．中国科技信息，2001，14：44－46.

[39] 唐朝晖，吴高松，邹声泉．手术机器人及虚拟、远程技术在微创胆道外科的应用［J］．中华外科杂志，2003，04：72－74.

[40] 周汉新，余小舫，李富荣，等．遥控宙斯机器人胆囊切除术的临床应用［J］．中华医学杂志，2005，03：14－17.

[41] 周宁新．中国运用"达芬奇"机器人成功实施首例肝胆外科手术［J］．机器人技术与应用，2009，01：47.

[42] 魏冀，陈琳，郭凯．中国西部地区远程医疗现状及制约因素［J］．科技通报，2012，08：33－35.

[43] 林天毅，段会龙，吕维雪．远程医疗信息系统的应用及相关问题［J］．国外医学生物医学工程分册，1998，04：10－14.

[44] 郎云峰．我国新型农村牧区合作医疗现状和实践效果研究［D］．北京：北京交通大学，2009.

[45] 井植荣，张林源，李树文．烟台市农村医疗保健制度的现状及发展对策［J］．中国卫生事业管理，1995，10：534.

[46] 易易，冯昌琪．四川省数字医疗及公共卫生信息服务研究［J］．中国卫生事业管理，2006，10：634.

[47] 唐育梅，杜鹏磊．数字医疗现状与发展［J］．农垦医学，2013，35（1）：62.

[48] 任凯．建设农村远程医疗系统的意义和实现［J］．江苏卫生事业管理，2006，17（4）：35.

[49] 朱旭东，迟彦．我国应建立农村医疗远程信息系统［J］．中国卫生经济，2008，27（10）：51.

[50] 江朝光．农村远程心电监测与诊断系统的研究与应用［J］．中国数字医学，2012，07（5）：84.

[51] 周杭帅．农村眼科综合检查仪的研发及临床应用［J］．医学信息，2011，24（9）：5623.

[52] 王志红，张更路，安海娟．基于Web的农村医疗卫生案例库系统设计方案研究［J］．中国数字医学，2014，3：93.

[53] 陈俊波，顾钱峰，邬金国．影像信息资源区域共享——提高农村医疗机构放射质量初探［J］．中国乡村医药，2010，17（9）：71.

[54] 刘小艳，王骏．南通地区大型医用影像设备购置探讨［J］．现代仪器，2012，18（5）：30.

[55] 姜俭．太仓市农村一级医院急诊室规范化建设现状调研［J］．中国急救复苏与灾害医学杂志，2012，07（6）：521.

[56] 张磊．我国农村卫生院X线机装备的现状及数字化X线机在社区和农村卫生院应用前景的展望［C］．2008年（第十届）中国科协年会，2008.

［57］王丽君．乡镇卫生院适宜医疗设备市场化配置模式研究［D］．重庆：重庆医科大学，2011.

［58］陈浩，刘毅，张诗敏．四川省贫困地区乡镇卫生院设备拥有情况研究［J］．现代预防医学，2007，（4）：728.

［59］王红漫．乡镇卫生院如何活起来［J］．中国国情国力，2003，11（6）：57.

［60］韩俊，罗丹．中国农村卫生调查［M］．上海：远东出版社，2007.

［61］赵卫华，黄梅新．农合补偿政策与乡镇卫生院发展的关系——基于W县的调研分析［J］．卫生经济研究，2009，4：38－39.

［62］顾桂芳，周绿林．新农合制度下乡镇卫生院功能完善的对策［J］．中国卫生事业管理，2009，12：831－844.

［63］徐恒秋．谈乡镇卫生院的功能定位［J］．中国农村卫生事业管理，2002，22（7）：47－48.

［64］侯天慧．乡镇卫生院功能定位的实证研究［J］．医学与社会，2009，22（4）：38－40.

［65］谢娟，阿依古丽，方鹏骞，等．我国农村贫困地区乡镇卫生院与乡级教育机构人力状况的对比分析［J］．中国卫生经济，2009，28（9）：50－52.

［66］张翔，赵德伟，白颖．基于IHE框架的PACS和HIS协同机制研究［J］．中国数字医学，2012，7（1）：99－102.

［67］张翔，白颖，王世东，等．利用物联网技术实现远程流动急救应急系统的建设及应用［C］．中国卫生信息技术交流大会，2012.

［68］张翔，吴桂刚，白颖，等．医院信息化建设推进医院服务模式创新［J］．中国数字医学，2013，8（3）：15－18.

［69］Al-Kassab M H A, Dongming L, Yuhe P. How telemedicine is being used today and tomorrow［J］. Journal of Systems Engineering and Electronics, 1999, 10（02）：55－64.

［70］Capozzi D, Lanzola G. A generic telemedicine infrastructure for monitoring an artificial pancreas trial［J］. Computer methods and programs in biomedicine, 2013, 110：343－353.

［71］Schuttner L, Sindano N, Theis M, et al. A mobile phone-based, community health worker program for referral, follow-up, and service outreach in rural Zambia：outcomes and overview［J］. Telemedicine journal and e-health, 2014, 20（8）：721－728.

［72］Takahashi T. The present and future of telemedicine in Japan［J］. International Journal of Medical Informatics, 2001, 61（2－3）：131－137.

［73］Birkmire-Peters D P, Peters L J, Whitaker L A. A usability evaluation for telemedicine medical equipment［J］. Telemedicine Journal the Official Journal of the American Telemedicine Association, 1999, 5（2）：209－212.

［74］Aucella A F, Kirkham T, Bamhart S, et al. Improving Ultrasound Systems by User-Centered Design［C］// SAGE Publications, 1994：705－709.

［75］Chimiak W J, Rainer R O, Chimiak J M, et al. An architecture for naval telemedicine［J］. IEEE Transactions on Information Technology in Biomedicine, 1997, 1（1）：73－79.

［76］Chimiak W J. The digital radiology environment［J］. IEEE Journal on Selected Areas in Communications, 1992, 10（7）：1133－1144.

［77］Martinez R, Chimiak W, Kim J, et al. The rural and global medical informatics consortium and network for radiology services［J］. Computers in Biology & Medicine, 1995, 25（2）：85－106.

［78］Adewale O S. An internet-based telemedicine system in Nigeria［J］. International Journal of Information Management, 2004, 24（3）：221－234.

［79］Craig J. History of telemedicine, Introduction to telemedicine［M］. London：Royal Society of Medical Press, 1999.

［80］Ferguson E W, Doarn C R, Scott J C. Survey of global telemedicine［J］. Journal of Medical Systems, 1995, 19（1）：34－46.

［81］Fries J F, Koop C E, Beadle C E, et al. Reducing health care costs by reducing the need and demand for medical services ［J］. The Health Project Consortium, 1993, 329 (5): 321 – 325.

［82］Garshnek V, Jr F M B, Burkle F M. Applications of telemedicine and telecommunications to disaster medicine: historical and future perspectives ［J］. Journal of the American Medical Informatics Association, 1999, 6 (1): 26 – 37.

［83］Guillen S, Arredondo M T, Traver V, et al. Multimedia telehomecare system using TV set ［J］. IEEE Transactions on Biomedical Engineering, 2002, 49 (12): 1431 – 1437.

［84］Mahen M, Whitten P, Allen A. E-health, telehealth and telemedicine: a practical guide to startup and success ［M］. San Francisco: Jossey-Bass Publishers, 2001.

［85］Martinez A, Villarroel V, Seoane J, et al. Analysis of information and communication needs in rural primary health care in developing countries ［J］. IEEE Transactions on Information Technology in Biomedicine, 2005, 9 (1): 66 – 72.

［86］Dorsch J L. Information needs of rural health professionals: a review of the literature ［J］. Bulletin of the Medical Library Association, 2000, 88 (4): 346 – 54.

［87］Muus K J, Stratton T D, Ahmed K A. Medical information needs of rural health professionals ［J］. J Rural Health, 1993, 1st Quarter: 10 – 15.

［88］Martínez A, Villarroel V, Seoane J, et al. EHAS program: Rural telemedicine systems for primary healthcare in developing countries ［J］. IEEE Technol. Soc. Mag. , 2004, 23 (2): 13 – 22.

［89］Xue Y, Liang H. Analysis of Telemedicine Diffusion: The Case of China ［J］. IEEE Transactions on Information Technology in Biomedicine, 2007, 11 (2): 231 – 233.

［90］He Y, Liang H. The role of government in China's healthcare IT development ［J］. Harvard China Rev. , 2006, 7 (1): 58 – 64.

［91］Liang H, Xue Y. Investigating public health emergency response information system initiatives in China ［J］. Int. J. Med. Inf. , 2004, 73: 675 – 685.

［92］Martinez A, Villarroel V, Seoane J, et al. Analysis of information and communication needs in rural primary health care in developing countries ［J］. IEEE Trans. Inf. Technol. Biomed. , 2005, 9 (1): 66 – 72.

［93］Zhao J, Zhang Z, Guo H, et al. Development and recent achievements of telemedicine in china ［J］. Telemedicine journal and e-health, 2010, 16 (5): 634 – 638.

［94］Zhao J, Zhang Z, Guo H, et al. E-health in China: Challenges, Initial Directions, and Experience ［J］. Telemedicine journal and e-health, 2010, 16 (3): 344 – 349.

［95］Zhou X D, Li L, Hesketh T. Health system reform in rural China: Voices of healthworkers and service-users ［J］. Social Science & Medicine, 2014, 117: 134 – 141.

［96］Lin C C, Chen H S, Chen C Y, et al. Implementation and evaluation of a multifunctional telemedicine system in NTUH ［J］. International Journal of Medical Informatics, 2001, 61 (2 – 3): 175 – 87.

［97］Yan L L, Fang W, Delong E, et al. Population impact of a high cardiovascular risk management program delivered by village doctors in rural China: design and rationale of a large, cluster-randomized controlled trial ［J］. BMC Public Health, 2014, 14 (1): 1426 – 1440.

［98］Chen H S, Guo F R, Chen C Y, et al. Review of telemedicine projects in Taiwan ［J］. International Journal of Medical Informatics, 2001, 61 (2 – 3): 117 – 29.

［99］Hudson H E. Rural telemedicine: lessons from Alaska for developing regions ［J］. Telemedicine journal and e-health, 2005, 11 (4): 460 – 467.

［100］Hsieh R K C, Hjelm N M, Lee J C K, et al. Telemedicine in China ［J］. International Journal of Medical Informatics, 2001, 61 (2 – 3): 139 – 146.